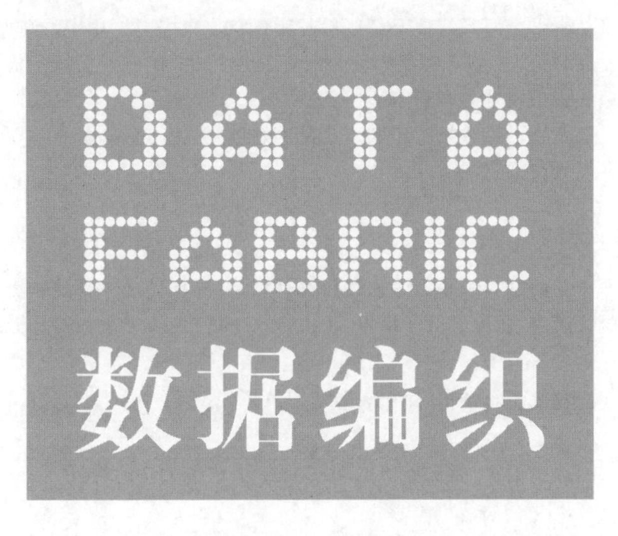

胡庆勇　宋焱淼 等 编著

清華大學出版社
北京

内容简介

本书全面系统地介绍了数据编织的核心概念、设计原则、关键技术、面临的挑战及未来发展趋势，并结合实际案例，探讨了数据编织在行业领域的应用，为读者提供全面的数据管理和知识发现的全新解决方案。

本书可供数据管理和工程师、数据科学家、IT和业务领导者，以及对数据编织感兴趣的专业人员阅读参考。

图书在版编目(CIP)数据

数据编织/胡庆勇等编著. —北京：清华大学出版社，2024.3（2025.5重印）
ISBN 978-7-302-65704-0

Ⅰ.①数…　Ⅱ.①胡…　Ⅲ.①数据处理　Ⅳ.①TP274

中国国家版本馆CIP数据核字(2024)第038284号

责任编辑：孙亚楠
封面设计：常雪影
责任校对：欧　洋
责任印制：刘　菲

出版发行：清华大学出版社
　网　　址：https://www.tup.com.cn，https://www.wqxuetang.com
　地　　址：北京清华大学学研大厦A座　　**邮　　编**：100084
　社 总 机：010-83470000　　**邮　　购**：010-62786544
　投稿与读者服务：010-62776969，c-service@tup.tsinghua.edu.cn
　质量反馈：010-62772015，zhiliang@tup.tsinghua.edu.cn
印 装 者：河北鹏润印刷有限公司
经　　销：全国新华书店
开　　本：170mm×240mm　　**印　张**：14　　**字　　数**：205千字
版　　次：2024年4月第1版　　**印　　次**：2025年5月第4次印刷
定　　价：79.00元

产品编号：105411-01

序言

很高兴向大家推荐我的大学同学胡庆勇先生的学术力作——《数据编织》。

胡先生在清华大学数据科学研究院深耕交通大数据研究多年,《数据编织》正是他多年来研究成果的总结。本书体现了他对于数据科学领域的独到见解。为了深入挖掘数据编织的内涵,他返校攻读博士学位,师从资深教授,探索了大数据平台、图数据库、自然语言处理等多个领域。

这本书的一个突出特色在于它是国内首部系统性介绍数据编织架构思想的学术专著。填补了国内的空白,为迫切需要了解数据编织的技术体系和应用的国内学者提供了翔实专业的资料。

本书的另外一个特色在于它的灵感来源于对交通大数据的深刻认识,以及在处理多源异构数据时面临的挑战。作者以自身的经历,揭示了传统技术框架限制下,交通大数据无法发挥其潜在优势的问题,引发了对交通大数据跨界融合的思考。特别是书中介绍的研究成果在"交通态势感知及风险系统中深度融合多维数据的高速公路风险预警"项目中获得的科技创新二等奖。这些实际经验为数据编织的理论方法提供了重要的支撑。

最后,我要对这本书的出版表示祝贺,也感谢清华大学出版社对这一重要学术著作的支持。相信这本书将为广大学术研究者和数据建设者提供有益的参考,成为我们理解和应用现代数据栈的重要基石。

希望大家能够像我一样期待这本《数据编织》的出版,愿我们的朋友在未来的学术道路上取得更多的成就!

赵千川

清华大学智能与网络化系统研究中心(CFINS)主任

前言

现代数据集成是当今世界的重要组成部分，它们如同织物中的纤维，交织出人类社会的各个层面和维度。而在这个信息爆炸的时代，数据编织的艺术愈发显得重要。本书旨在探讨数据编织的奥秘，揭示数据编织之美，带领读者走进现代数据集成的世界，体味数据编织的乐趣与深邃。

2015 年，在清华大学数据科学研究院韩亦舜执行副院长邀请下，有幸参与了交通大数据研究中心的筹建工作，并从此与大数据结下了不解之缘。交通大数据的分析研究与传统交通数据的研究不同，如果被限制在传统的技术框架中，反而会陷入传统技术无法应对的困境，无法发挥交通大数据的跨界融合资源优势。现有的交通数据体系及数据价值研究方式已不能适应跨界共享交通大数据研究的体系和方法，面向大数据共享研究需要构建面向共享大数据分析的数据融合知识创新体系，这样才能适应大数据爆发式增长及与人工智能前沿技术结合的人机融合分析需求。同时，通过对共享交通大数据的广泛调研及对现有的交通数据汇聚体系的深入了解和学习，深刻体会到传统的交通大数据物理集中汇聚方式难以发挥大数据跨界共享融合的优势，难以发挥数据集成需要知识融合的新价值。

交通大数据研究中心成立之后，研究课题“交通态势感知及风险系统中深度融合多维数据的高速公路风险预警”于 2018 年获得了中国科技产业促进会科技创新二等奖。在与这个课题相关的大数据系统研发的过程中，遇到的最大难题就是分布式多源异构数据处理的时效性和多源异构数据的高效管理及知识融合问题，开展数据编织的研究就来源于对上述问题的探索。为了寻求答案，带着问题在 2019 年进入清华大学国家卓越工程师学院创新领军工程博士项目，师从陆化普教授，开始了五年时间的探索之旅，涵盖了大数据平台、图数据库、数据仓库、湖仓一体、自然语言处理、语义网络、知识图谱、本体论、数据虚拟化、数据治理、领域数据建模、Bert、Transformer 等众多技术和方法的底层逻辑和实现逻辑，在这个过程中，把自己荒废了多年的程序员基本功又捡了回来。

在探索数据与知识融合体系的过程中，我发现数据编织（data fabric）作为一个人工智能与数据管理和分析领域结合极具代表性的前沿技术栈，对解决分布式多源异构数据的逻辑集成及知识融合问题是极好的架构，同时在数据与知识融合方面与人工智能技术，特别是生成式 AI 技术能够无缝整合。然而，目前对数据编织的系统性研究尚存在困难。在我国，还没有一本专门系统性介绍数据编织架构思想的书籍，网上的相关数据编织架构指南、标准规范及研究文献犹如“散落的珍珠”，难以一窥全貌。数据编织架构体系涉及语义增强知识图谱、活跃元数据、逻辑数据集成等概念，若没有亲身参与数据建设的实践经验，研究基础往往仅限于文献资料，而这些资料通常零散且不完整，特别是中文资料往往只触及皮毛。

数据编织架构体系是一个系统工程，而非单一技术点，涉及众多前沿技术领域。其对系统工程的整体影响大于局部之和，这一点尤为明显。基于自身从事数据编织工作的实践经验，作者试图通过逻辑主线系统地描述数据编织体系，以便全面了解其建设和运用。

然而，需要注意的是，数据编织领域的实践需求和技术进步推动了理论与实践的迅速发展。数字化转型、数据战略、管理策略、组织机构、支撑资源及技术等方面的优化和调整在不断进行，因此，数据编织架构体系的时效性方面存在一定难以保证的问题。在研究过程中，我们要关注这些变化，及时更新和完善相关研究内容。本书开展的数据编织的发展研究，只是现代数据栈建设与运用可借鉴的一个阶段性成果，更是一个供更多数据研究者和建设者参考的基线或起点。

在本书的编写过程中，我们不仅仅是一群作者，更是数据编织的创作者和探索者。各章节的撰写是一项复杂的工作，需要多方共同努力。在此，我们诚挚感谢每一位作者在本书中的付出与贡献。

本书的主创者胡庆勇承担了书中多个章节的重要工作，包括第 1 章的 1.1 节、1.2 节、1.4 节、1.5 节，第 2 章，第 4 章，第 5 章的 5.1 节、5.2 节、5.3 节、5.4 节及第 6 章的 6.2 节、6.4 节、6.5 节，并肩负全书的统稿、审阅、修改、校对和通信等任务。宋焱淼则负责第 1 章的 1.3 节、1.6 节，以及全书图形的汇总和优化。丁峰负责第 6 章的 6.1 节，季自力参与了全书的统稿、审校，对数据编织具体应用研究亦有贡献，乐识非负责第 3 章的 3.1 节，罗国荣负责第 3 章的 3.2 节，于程水负责第 3 章的 3.3 节，李飞与冯晋阳负责第 3 章的 3.4 节，杨灵运与甘玉玺负责第 3 章的 3.5 节，刘宇与胡旭负责第 5 章的 5.5 节，孙剑灵和王淼负责第 6 章的 6.3 节。

每一位作者都以其独特的视角和专业知识，为本书的编写贡献了自己的力量。他们作为数据编织的引领者，细心地将数据的各个部分交织在一起，创造出一幅幅令人惊叹的现代数据集成的数据编织画卷。

本书的诞生得益于各位作者的热情投入与合作精神。每一位作者都像是编织者手中的一根纤维，虽微小，却不可或缺，共同构成了国内第一部数据编织专著。

我们相信，通过本书的阅读，读者将深入理解人工智能认知时代到来后数据编织的魅力，感受数据编织之美，启发创新思维，拓展视野，为数据与知识融合的世界的探索之旅增添一份精彩与美好。

愿我们共同探索数据的无限可能，编织出数字世界更加精彩的未来！

祝愿阅读本书的每一位读者在数据编织的新大陆中获得收获与启迪。

由于国内的数据编织研究还处在起步阶段，中文资料极少，本书更多地参考了国外公开的文献资料和研究成果。本书编写过程中得到了清华大学国家卓越工程师学院的专家、领导、老师及同学的大力支持，在此一并表示真诚的谢意。

本书的出版得到了清华大学出版社的大力支持，在此表示诚挚感谢。

笔 者

2023 年 11 月于北京清华园

中英文对照表

中　文	英　文
活跃元数据	active metadata
推荐引擎	recommendation engine
数据准备	data preparation
数据交付	data delivery
数据编排	data orchestration
数据研发运营一体化	DataOps
数据持久化	data persistence
数据消费者	data consumers
企业资源管理	ERP
客户关系管理	CRM
企业服务总线	ESB
数据科学	data science
实体	entities
关系	relationships
技术元数据	technical metadata
运营元数据	operational metadata
社会元数据	social metadata
业务元数据	business metadata
数据源	data sources
运营数据库	operational databases
数据仓库	data warehouses
数据湖	data lake
数据编织	data fabric
数据网格	data mesh
湖仓一体	data lakehouse
平面文件	flat files
云数据存储	cloud data store
数据治理	data governance

图谱	graph
知识图谱	knowledge graph
语义知识图谱	semantic knowledge graphs
推断元数据	inferred metadata
开发运营一体化	DevOps
业务理解	business understanding
数据理解	data understanding
合并和清洗数据	merge and clean data
丰富数据	enrich data
识别数据库管理系统	identify the database management system
建模	modeling
评估	evaluation
部署	deployment
启动/重新启动	start/restart
非结构化数据	unstructured data
关系型数据源	relational sources
基于向量的数据	vector-based data
电子邮件/聊天数据	emails/chat
跨行业数据挖掘标准流程	CRISP-DM
大语言模型	LLM
元数据激活	metadata activation
增强型数据目录	augmented data catalog
语义增强知识图谱	knowledge graph enriched with semantics
开放数据协议	open data protocal,OData
全球行业分类标准	global industry classification standard,GICS

目录

第1章

绪 论

1.1 数据管理问题与需求

数据已成为企业中最宝贵的资产之一，也是企业数字化和智能化转型的一个关键元素。但是，如何使数据的价值变得清晰，数据管理仍然是一个挑战。企业不断储存数据，对于大多数企业来说，数据都是跨孤岛收集的，并且通常以几乎无法共享使用的方式存储。

在企业寻求利用其数据价值的过程中，会面临来自不同数据源、类型、结构、环境和平台的挑战。当企业采用混合和多云架构时，这种多维数据困境会变得更加复杂。对于许多企业而言，运营数据在很大程度上仍然是孤立的和隐蔽的，企业收集到的大量数据可能包括客户反馈、机器设备的传感器数据及应用程序的日志文件，通常是非结构化的、不完整的，或以不易搜索或访问的格式存储，并未被用于任何有意义的洞察或商业价值的分析。尽管企业的数据具有潜在价值，但许多企业缺乏资源或专业知识来分析这些数据，因为数据是不可见且未被开发的，仍然未被探索和加以开发利用。

随着数据源的多样化，集成和整合数据变得越来越重要，企业需要将来自事务数据存储、数据仓库、数据湖、机器日志、非结构化数据源、应用程序存储、社交媒体存储和云存储的数据汇集在一起，但这些数据通常保存在离散的孤岛中，特别是随着云存储和物联网（IoT）设备的增加，数据孤岛问题与日俱增。

任何希望利用企业内外所有数据的人都面临着在现在数据世界更加严峻的数据挑战：首先是来自多种结构化和非结构化来源的数据比以往任何时候都多，原始形式的数据在数据质量方面变化很大，有时是成型的和干净的，有时是稀疏和不均匀的；其次是数据有许多不同（且不兼容）的格式，通常是稀疏的，缺少值，需要不同级别的、按需深入到详细信息的整合；再次就是必须支持强大的查询，以便根据需要将数据提供给应用程序，同时必须能够根据需要经常近乎实时地刷新；最后，许多不同的非结构化和灵活结构化数据中，除了带来概念上的复杂性之外，还带来了实体类型和实体之间关系的数量激增。面对纷繁复杂的多源异构大数据，传统的商业智能应用一般包含如图 1.1 所示的数据集成和建模过程，在这个过程中，以下四个技术挑战和数据问题特别突出：

（1）数据可访问问题，即访问所有这些数据，并将其转换为可以管理和集成的格式或表示；

（2）数据的结构、整合和转型问题，即为数据带来结构，并将其集成和转换为新的形式的问题；

（3）整合视图，即跟踪更广泛的存储库及为使数据有用而创建的所有模型和转换问题；

（4）灵活实施问题，即在最适合应用程序的平台上集成和转换数据，无论是在本地、一个云上还是在多个云上。

图 1.1　商业智能应用实现中使用的集成和建模过程

现代数据管理需要新兴设计理念来应对一直存在的数据管理挑战，例如，高成本和低价值的数据集成周期、早期集成的频繁维护、对实时性不断增长的需求和事件驱动的数据共享等。在日益多样化、分布式和复杂的环境中，数据管理敏捷性已成为企业的任务关键优先事项。为了减少人为错误和总体成本，数据和分析需要超越传统的数据管理实践，转向现代解决方案，例如，支持人工智能的数据集成。

当我们想到数据管理的新方法如何改变数据环境时，现代数据管理新范式提出了以下需求主题。

1. 业务概念方面的规范和统一描述

数据建模师可以对域中的数据资源进行规范建模和统一描述，并为它们提供与业务中熟悉的概念相对应的名称和结构。将业务概念和流程与数据结构相匹配，为业务分析提供一个正式的数据结构来表达业务模型、数据模型及它们之间的联系。

(1) 任何格式的任何数据：必须集成来自所有源平台的数据，无论源的结构变化、格式差异、各自的数据模型或原始时的其他区别如何。这包括常见的结构化源（如关系数据库和平面文件）、半结构化数据（如 JSON 或 XML 文件）和非结构化源（如 PDF 或文档）。

(2) 高性能加载和高效存储：自动化和快速加载源数据，并提供高效存储数据的选项，提供有关如何将源数据连接到存储的选项，从完整的数据复制及载入到按需数据和虚拟化。

(3) 大规模交互式查询：非常快速地生成大量分析就绪的混合数据集，以满足整个企业数据使用者的独特和紧急需求。快速响应时间是关键，处理已知问题查询及意外探索性查询的能力也是关键需求之一。

2. 面对复杂的数据时灵活的显式知识表示

显式知识表示的优点之一是很容易扩展模型以适应新的概念和资产，同时提供元数据灵活性。

(1) 通过可靠、快速地将数据输送到存储来缩短洞察时间并做出更明智的决策；

(2) 获得实时、360°视角，即任何业务实体（如客户、索赔、订单、设备或零售店）的 360°视图，以实现微细分、减少客户流失、提醒运营风险或提供个性化的客户服务；

(3) 将总拥有成本降低到通过增量和快速的方式对遗留系统进行现代

化操作、扩展、维护和更改。

显式知识表示允许用户在提出问题时及在未预料到的后续问题时理解这些关系。当需求急剧变化时，语义模型还允许动态重塑数据，并快速添加新的数据源，以支持特定受众的新类型问题、分析汇总或上下文简化。

3. 以数据为中心（而不是以应用程序为中心）

大多数数据表示（尤其是关系数据库）都将数据封装在某种应用程序中，从一个平台到另一个平台，没有标准的方式来交换数据和大规模描述数据的模型。提取、转换和加载（ETL）项目既昂贵又脆弱。

（1）数据准备自动化，使数据科学家、数据工程师和其他 IT 资源免于执行繁琐的重复数据转换、清理和丰富任务；

（2）获得访问任何数据交付方法中的企业数据——包括批量数据移动（ETL）、数据虚拟化、数据流、更改数据捕获和数据交付 API；

（3）集成并增强了公司当前使用的数据管理工具，以提高成本效益。

4. 数据即产品（包括服务级别协议 SLA、用户满意度等）

提供数据是企业的一个部门支持另一个部门的一种服务方式，这种强调数据的转变有时被称为数据即产品（data as product）。提供数据的人承担的责任与我们期望的任何其他提供产品的人相同，包括担保、文档、服务协议、对客户请求的响应等。当人们将数据视为产品时，企业的其他部分不太可能希望接管对其版本数据的维护。

（1）数据工程师和数据消费者之间共享的通用语言改善数据和数据之间的协作业务团队；

（2）自助数据服务访问功能使数据消费者可以随时随地获取所需数据，从而提高业务敏捷性和速度。

5. 处理意外问题的能力

静态数据表示的一个经常令人遗憾的缺点是，虽然构建的数据结构对回答特定问题的过程是很好理解的，但重用这种结构来回答新问题的过程很困难，通常相当于重新开始。增量建模工作不会带来增量收益。

（1）企业级安全性和治理：就绪可用数据和知识的很大一部分与安全

性、数据治理和法规遵从性的基础知识有关。需要精细的访问控制来指定哪些用户可以访问、查询和更新的哪些部分及他们如何使用授权的数据。这种精细的安全性具有重大的数据治理影响，加强了基于角色的数据隐私访问控制，同时其对个人身份识别(personal identification information，PII)的适用性非常适合法规遵从性。

(2) 灵活部署：重要的是，可以选择部署到任何位置，包括本地、云或混合模型。最经济实惠的操作环境通常不需要额外的投资，例如，云部署选项包括本地混合、公共或私有选项或公私混合。

(3) 轻松与结构的其他组件集成：一个包含许多组件的架构，其中一些组件对企业来说是新的，另一些则是长期存在的。为了在这种背景下工作，需要支持开放标准，使构成的所有数据、模型和元数据都能够轻松地与其他应用程序同步或导出到其他应用程序。

(4) 所有新系统的开发都必须要考虑数据隐私。企业需要能够全面了解自己的所有数据，还需要通过一定方式，通过单点对整个基础架构实施安全控制。数据虚拟化技术提供了这种能力，让企业能够快速、方便地满足数据保护法规的要求，同时又不必投资于新的硬件，也不必从零开始重建现有系统。

6. 可查找、可访问、可互操作和可重用(FAIR)

可查找、可访问、可互操作和可重用(F：findability，A：accessibility，I：interoperability，R：repeatation)，简称 FAIR 原则，对数据和元数据表示提出了各种要求。显式知识表示可以找到适合特定任务的数据。全局可引用术语允许互操作性，因为一个数据或元数据集可以引用任何其他数据或元数据。

1) 可查找(findability)

FAIR 原则的首要原则是 F(findability)原则，即数据的可查找性。如果无法识别和查找数据，则无从谈论数据的访问、互操作和重用。数据要符合 findability 原则需满足四个子原则，以下分别用 F1、F2、F3、F4 表示。

F1：(元)数据被分配有一个全球唯一且持久的标识符。F1 原则是所有原则的基础。如果没有一个全球唯一且持久的标识符，FAIR 的其他方面便很难实现。全球唯一且持久的标识符消除了数据的歧义。许多数据存储库自动为已存储的数据生成全球唯一且持久的标识符。标识符可以帮助人们准确理解数据的意思，帮助计算机以一种有意义的方式解释数据。标识符对人机交互至关重要，而人机交互正是开放科学的前景所在。标识符可以帮助他人在重用数据时正确引用该数据。标识符需满足两个特征：①全球唯一。人们可以通过注册表服务获得数据的全球唯一标识符，该注册表服务使用的算法可以保证标识符的唯一性。不存在有两个不同的数据拥有同样的标识符。②持久存在。标识符对应的网络链接应一直存在。维护网络链接需要成本，随着时间的推移，很多网络链接往往会失效。而人们通过注册表服务获得的标识符可以(在某种程度上)保证网络链接在未来一直存在。

目前对标识符来说最大的挑战是确保它的寿命，尤其是确保由不同项目或社区创建的标识符在该项目结束或者社区结束后仍能存在。因此需要保证标识符与这些项目或社区相独立。

F2：数据使用了丰富的元数据进行描述。描述数据的元数据应当非常丰富，应当包括数据的背景、质量、状况或特征等情况。丰富的元数据可以让计算机自动完成日常且繁琐的分类和排序任务，这些任务目前耗费了研究人员大量的精力。F2 原则背后的基本原理是，即使没有数据标识符，人们也应该能够根据元数据提供的信息找到数据。遵守 F2 原则能够帮助人们定位数据，并增加该数据的重用和引用。

F3：元数据清晰且明示地包括了它们所描述数据的标识符。元数据和它们描述的数据集通常处于不同的文件夹中，元数据文件和数据集文件之间通过在元数据中提到数据集的全球唯一且恒久标识符相联系。F2 要求数据使用元数据进行描述，F3 表明元数据除了包含用以描述数据的元数据，还应包含被描述数据的标识符，用以确定数据的位置。

F4：(元)数据已在可检索的资源中注册或者建立了索引。标识符和丰富的元数据并不能确保数据在互联网上“可查找”。如果数据不可查找，那么再完美的数据也将失去价值。使得数据资源可查找的方法很多，比如建立索引。百度通过爬虫“读取”网页并自动将它们建立索引，便可以让人们通过百度搜索查找到网页。对于大多数普通搜索者而言，百度搜索已是足够，但对于学术研究数据的检索，人们仍需要建立更明确的索引。F1～F3原则为这类索引的建立提供了核心要素。

2）可访问(accessibility)

FAIR原则中的第二个原则为A(accessibility)原则，即数据的可访问性。用户在查找到所需的数据后的下一步需访问该数据，访问可能要进行身份验证并获得授权。数据要符合accessibility原则也需满足四个子原则，以下分别用A1、A2、A3、A4表示。

A1：(元)数据可通过标识符使用标准化的通信协议进行检索。A1原则指出，FAIR数据的检索不需要专门或专有的工具或通信方法，使用标准化的通信协议即可。标准化的通信协议有TCP、HTTPs、HTTP等。大多数网络用户通过点击链接来检索数据。链接是一个名为TCP协议的高级接口，计算机执行该协议进而在用户的Web浏览器中加载数据。HTTPs、HTTP则是构成现代互联网主干的协议，它们建立在TCP协议基础之上，但请求和提供数字资源比其他通信协议更容易。

A1.1：协议开放、免费、普遍可实现。为最大限度地实现数据重用，FAIR数据使用的通信协议应当免费、开放、可在全球范围内实现。任何人只要有一台电脑与互联网连接，就至少可以访问元数据。这一原则将影响人们对共享数据的存储库的选择。

A1.2：协议在必要时允许认证和授权程序。A1.2原则是FAIR原则中关键但经常被误解的一个原则。FAIR原则中的“A”并不必然意味着“开放”或“自由”。即使受到严格保护的私有数据也可以是符合FAIR原则的。“A”意味着应当提供数据可访问的确切要求。理想状况下，机器可以自动理解访问数据的要求然后自动执行该要求或提醒用户注意该要求。有些数据存储库要求用户在存储库中创建用户账户，这可以让存储库得以验证每个数据集的所有者(或贡献者)的身份，并可以根据用户的不同创设不同的用户权利。A1.2原则也将影响人们对共享数据存储库的选择。

A2：即使数据不再可用，元数据仍然可以被访问。维护数据资源的在线需要成本，随着时间的推移，网上的数据常常会减损，链接会失效。而存储元数据往往比存储数据更方便、成本更低。因此，A2 原则要求保证元数据持续存在，即使数据本身不再存在。A2 原则与 F4 原则中描述的注册和索引问题有关。

3）可互操作（interoperability）

数据通常需要与其他数据进行集成。此外，数据还需要与应用程序或工作流进行互操作，以进行分析、存储和处理。数据的互操作指通过结合相互独立的数据以获得整体的分析结果。数据要符合 interoperability 原则需满足三个子原则，以下分别用 I1、I2、I3 表示。

I1：（元）数据使用一种正式、可访问、共享和广泛适用的语言来表示知识。正如人类之间需要能够交换和理解彼此的信息，计算机之间也需要能够互相交换和理解彼此的数据。因此数据应当是机器可读的，并且不需要借用专门或特别的算法、翻译器或映射来进行数据的转换。每个计算机至少需要了解其他计算机的数据交换格式。为实现这一点，以及为确保数据的自动可查找和互操作，需要：①使用常见、受控的词汇、本体和主题词表（具有可解析的全球唯一且恒久标识符）；②使用良好的数据模型。

I2：（元）数据使用的词汇表符合 FAIR 原则。用于描述数据集的受控词汇表需适用全球唯一且恒久标识符进行记录和解析，并且能够轻松地被任何使用该数据集的人查找和访问。

I3：（元）数据包括对其他（元）数据的限定引用。限定引用是一个解释了其意图的交叉引用。例如，X 是 Y 的监管者是比 X 与 Y 有关系或者 X 也能看到 Y 更恰当的引用。限定引用可以在元数据之间创建有意义的链接，丰富人们对数据背景的了解，可以让人们明确一个数据集是否建立在另一个数据集之上，是否需要额外的数据集来完成目前的数据集，或者互补信息是否存储在不同的数据集中。I3 原则需要注意两点：①根本上而言，实现数据的互操作性不是为了连接不同的数据，而是为了实现数据用户的互操作；②为实现数据的互操作，描述它的元数据也应当可以互操作。

4）可重用（reuse）

FAIR 原则的最终目的是实现数据的可重用。数据要符合可重用（reuse）原则需满足两个子原则，以下分别用 R1、R2 表示。

R1：(元)数据被多个准确且相关的属性所描述。添加了很多标签的数据将更易被发现和重用。R1 原则与 F2 原则相关，但 R1 关注的是用户(机器或人)判断数据在特定场景中是否真的有用的能力。数据发布者不仅应提供让数据能被发现的元数据，还应提供丰富的描述数据生成场景的元数据，如实验协议、生成数据的机器或传感器的制造商和品牌等。数据发布者不应试图预测数据消费者的身份和需求，而是应当尽可能多地提供元数据，即使提供的元数据看起来与数据不甚相关。

R1.1：(元)数据在发布时需提供清晰且可访问的数据使用许可。许可中应当清晰地描述数据使用的范围。重用数据的企业都在努力遵循数据使用的种种限制和规范，如果数据使用的范围描述不清，将会严重限制数据的重用。而随着涉及更多许可考虑的自动搜索技术的发展，许可状态的明确将变得更加重要。因此必须让机器和人都清楚数据可以使用的条件。上文提到的 I 原则描述的是数据在技术上的可互操作性，R1.1 则是关于数据在法律上的互操作性。

R1.2：(元)数据有详细的来源。重用数据的人应当清楚数据来自哪里，需要如何引用或作者希望如何被承认。数据应当包括生产它的完整工作流：谁生成或采集了这些数据、它们是如何处理的、它们以前是否发布过、它们是否包含其他人的数据。理想情况下，这个数据处理工作流应当是机器可读的。

R1.3：(元)数据符合相关领域的社区标准。如果数据集相似，它们将更容易重用。例如，相同类型的数据、以标准化方式组织的数据、完善和可持续的文件格式、遵循通用模板且使用通用词汇表的文档(元数据)。如果存在数据归档和共享的领域标准或最佳实践，则应该遵循这些标准或实践。例如，许多社区都有最低限度的信息标准(例如，MIAME、MIAPE)。FAIR 数据至少应符合这些标准。有些情况下，提交者提交的数据可能会偏离这一类型数据的标准，这时他们都会提供有效且明确的理由。FAIR 原则并不解决数据的可靠性问题。数据的可靠性取决于使用者，并且与数据的应用目的有关。

综上，当前在数据集成和从数据孤岛中生成深刻见解方面，企业面临着重大挑战。当前数据领域最大的障碍之一是数据碎片化，即数据分布在各种系统和平台上，难以访问、分析和管理。随着混合云和多云环境中数据源数量的不断增加，这种数据孤岛现象日益严峻，企业需要努力集成来自多个异构源的数据，以创建统一的数据视图应对复杂的竞争环境。

1.2 数据管理架构综述

目前已经出现了多种技术方法来帮助企业处理相关的数据集成问题，包括数据联邦(data federation)、数据编织(data fabric)、数据网格(data mesh)、湖仓一体(data lakehouse)及传统数据栈的数据中台(data middleware)、数据仓库(data warehouse)、数据湖(data lake)等。

1. 数据联邦(data federation)

数据联邦是一种数据集成方法，将来自不同数据源的数据整合在一起，形成一个虚拟的数据集成视图。数据联邦的特点包括：

(1) 灵活性高：数据联邦可以快速地进行数据集成，而且不需要对数据源进行改动，因此可以适应快速变化的数据需求。

(2) 低运维成本：相比传统的数据集成方法，数据联邦的运维成本更低，因为它不需要将数据复制到中央数据存储中。

(3) 实时性好：数据联邦可以实现实时信息访问，因为它不需要将数据复制到中央数据存储中。

(4) 安全性高：数据联邦可以消除数据复制和备份的需要，从而提高数据的安全性。

(5) 跨异构数据源处理：数据联邦可以处理异构数据源，包括结构化、半结构化和非结构化数据。

数据联邦可以包括集成多个数据库系统、云存储、数据仓库及其他数据源，使企业能够更全面地了解其数据，并更容易进行跨数据源的分析和报告。数据联邦有助于解决数据分散、复杂性和多样性带来的挑战，使企业能够更灵活地访问和利用其数据资产。数据联邦的实现需要一个联邦计算引擎,它可以提供统一的数据视图,并且支持开发者通过联邦计算引擎统一查询和分析异构数据源里的数据,开发者无需考虑数据物理位置、数据结构、操作接口和储存能力等问题,即可在一个系统上对同构或者异构数据进行访问和分析。

2. 数据编织(data fabric)

数据编织是一种现代分布式数据栈的数据管理和集成概念,旨在将数据整合在一个统一的视图中,无论数据在哪里存储、如何格式化。

(1) 数据编织可以帮助企业更好地访问、整合和管理数据,以便进行分析、报告和应用程序开发。

(2) 数据编织强调数据的互操作性,使数据能够在不同数据存储和平台之间自由流动。

(3) 数据编织是一种数据整合和管理概念,旨在将分散的数据资源整合为一个统一的数据视图,无论数据在何处、如何格式化。

(4) 数据编织的目标是使数据能够在不同数据存储、云平台和应用程序之间自由流动,以支持分析、报告和应用程序开发。

(5) 数据编织着重于数据的互操作性、数据发现、数据访问和数据整合。

(6) 数据编织通常不提供湖仓一体那样的原始数据存储和性能。

(7) 具体实现上,数据编织通常是由多种工具组成的复合架构体系,而不是单一的技术。

3. 数据仓库(data warehouse)

数据仓库是一种传统集中式数据栈数据存储系统,用于存储和管理企业内部的结构化数据。

(1) 数据仓库通常包括 ETL 过程,用于将数据从不同源提取、转换成适合分析的格式,然后加载到数据仓库中。

(2) 数据仓库通常用于支持决策支持和商业智能分析等用途。

数据编织连接数据集,而数据仓库仅收集数据集。数据仓库是结构化数据的存储库。使用数据仓库时,需要从源系统中提取数据,对其进行转换以清理和复制数据,然后将其加载到数据仓库中。这意味着在增加开发时间、维护工作、加班、维护和技术债务方面增加运营开销。实际上，将数据从A点（或许多A点）获取到仓库中的B点需要花费大量时间和人力。数据仓库方法也可能导致数据完整性问题，因为需要移动原始数据集并应用复杂的转换逻辑处理数据和产生数据副本。

4. 数据湖（data lake）

数据湖是一种传统集中式数据栈，面向大规模、多来源、高度多样化数据的组织方法，它可以存储结构化和非结构化数据，并提供了一种数据增长的架构化解决方案。数据湖的特点包括：

(1) 海量原始数据集中存储，无需加工。数据湖通常是企业所有数据的单一存储，包括源系统数据的原始副本，以及用于报告、可视化、分析和机器学习等任务的转换数据。数据湖可以包括来自关系数据库（行和列）的结构化数据、半结构化数据（CSV、日志、XML、JSON）、非结构化数据（电子邮件、文档、PDF）和二进制数据（图像、音频、视频）。

(2) 按需计算：使用者按需处理，不需要移动数据即可计算。数据湖提供了多种数据计算引擎供用户选择，常见的包括批量、实时查询、流式处理、机器学习等。

(3) 延迟绑定：数据湖提供灵活的、面向任务的数据编订，不需要提前定义数据模型。

(4) 高度扩展：数据湖是一种高度扩展解决方案，可以快速处理大量数据，提供了一种数据增长的架构化解决方案。因此，数据湖是一种灵活的数据存储系统，适合存储大量的半结构化数据。

(5) 支持实时数据处理：数据湖可以接收和处理来自多个源的数据，并进行分析，这使得数据湖比数据仓库更适合需要快速访问实时数据的应用。

(6) 支持多种数据结构：数据湖支持多种数据结构，如非结构化数据和半结构化数据，能够帮助用户发挥数据的真正价值。

(7) 数据治理：数据湖可以为企业提供数据治理，包括数据质量、数据安全、数据隐私等。

(8) 低成本：相比传统的数据仓库，数据湖的运维成本更低，因为它不需要将数据复制到中央数据存储中。

(9) 适应快速变化的数据需求:数据湖可以快速地进行数据集成,而且不需要对数据源进行改动,因此可以适应快速变化的数据需求。

(10) 支持多种数据源:数据湖可以处理异构数据源,包括结构化、半结构化和非结构化数据。

总之,数据湖是一种高度灵活、高度扩展的数据存储系统,可以帮助企业快速地进行数据集成,提高数据的安全性和实时性,降低运维成本,适应快速变化的数据需求,发挥数据的真正价值。

5. 湖仓一体(data lakehouse)

湖仓一体是一种集中式现代数据栈融合数据湖和数据仓库的概念,旨在在数据湖的灵活性基础上提供数据仓库的可管理性和性能。

(1) 这种方法结合了数据湖的原始数据存储能力和数据仓库的处理能力,以支持分析和报告。

(2) 湖仓一体是一种数据管理架构,旨在将数据湖的灵活性与数据仓库的管理性能相结合。

(3) 湖仓一体将原始数据以批处理和流处理的方式存储在数据湖中,并提供了与数据仓库类似的查询性能和管理功能。

(4) 湖仓一体强调以表格格式(例如,parquet 或 delta lake)存储数据,支持事务性处理、版本控制和元数据管理。

(5) 湖仓一体有助于解决数据湖中的一些问题,例如,数据质量、数据一致性和性能。

6. 数据网格(data mesh)

数据网格是一种分布式现代数据栈数据管理模式,是一种去中心化的数据体系结构,按特定业务领域(如营销、销售、客户服务等)来组织数据,为给定数据集的生产者提供更多所有权。生产者对领域数据的理解使他们能够设定专注于文档、质量和访问的数据治理策略。反过来,这可以在整个企业中实现自助服务。数据网格的特点包括:

(1) 去中心化:数据网格是一种去中心化的数据体系结构,可以消除与集中式单体系统相关的许多操作瓶颈,从而提高数据的可用性和可靠性。

（2）按需计算：使用者按需处理，不需要移动数据即可计算。数据网格提供了多种数据计算引擎供用户选择，常见的包括批量、实时查询、流式处理、机器学习等。

（3）灵活性高：数据网格可以快速地进行数据集成，而且不需要对数据源进行改动，因此可以适应快速变化的数据需求。

（4）数据民主化：数据网格架构促进了来自多个数据源的自助服务应用程序，将数据的访问范围扩大到更多技术资源之外，如数据科学家、数据工程师和开发人员。通过这种领域驱动的设计，使数据更易于发现和访问，减少了数据孤岛和运营瓶颈，实现更快的决策并让技术用户腾出时间来优先处理可以更好地利用其技能的任务。

（5）支持多种数据源：数据网格可以处理异构数据源，包括结构化、半结构化和非结构化数据。

7. 数据中台（data middleware）

数据中台是一种集中式传统数据栈集中存储系统、一套可持续"让企业的数据用起来"的机制、一种战略选择和组织形式，是依据企业特有的业务模式和组织架构，通过有形的产品和实施方法论支撑，构建一套持续不断把数据变成资产并服务于业务的机制。数据中台的特点包括：

（1）数据汇聚整合：数据中台需要具备数据汇聚整合、数据提纯加工、数据服务可视化、数据价值变现四个核心能力，使企业员工、客户、伙伴能够方便地应用数据。

（2）数据提纯加工：数据中台需要具备数据提纯加工的能力，即将原始数据进行清洗、加工、分析和建模等流程，将不同来源的数据整合起来，并将其转化为有价值的信息。

（3）数据服务可视化：数据中台需要具备数据服务可视化的能力，即提供自然语言等人工智能服务；提供丰富的数据分析功能；提供友好的数据可视化服务；提供便捷、快速的服务开发环境，方便业务人员开发数据应用；提供实时流数据分析；提供预测分析、机器学习等高级服务。

（4）数据价值变现：数据中台需要具备数据价值变现的能力，即提供数据应用的管理能力，提供数据洞察直接驱动业务行动的通路，提供跨行业业务场景的能力，提供跨部门的普适性业务价值能力，提供基于场景的数据应用，提供业务行动效果评估功能。

(5) 支持多种数据源：数据中台可以处理异构数据源，包括结构化、半结构化和非结构化数据。

这些数据管理与分析平台的概念在不同情况下可以互补，具体实施可能会因企业的需求和选择的技术栈而异。选择合适的数据管理和分析方法取决于企业需要完成的目标、数据体量和技术能力。湖仓一体(data lakehouse)关注如何将原始数据湖的灵活性与数据仓库的管理性能相结合，以支持数据分析，而数据编织(data fabric)关注如何整合和连接不同数据资源，以便数据能够自由流动。这两种概念可以互补，具体选择取决于企业的需求和数据架构。湖仓一体更侧重于存储和性能，而数据编织更侧重于数据整合和互操作性。

湖仓一体与数据编织两种技术的结合，作为一种用于联合查询和最低成本数据移动的技术策略，将是未来企业(或数据中心)编织在一起的数据编织或合成数据架构(synthetic data architecture)。

传统IT时代，无论是早期的“数据仓库”还是近几年的“数据湖”和“大数据”时代，其实数据利用都是集中式的架构，把数据收集到一起，让企业的数据分析师、商业智能(BI)分析师对数据进行分析。现在已经进入了云计算时代，用户业务部署在多云的环境下，要想将分布在不同云上的数据集中在一起成本很高，也很费劲，如图1.2所示，采用去中心化、分布式的数据网络架构就成为必然选择。

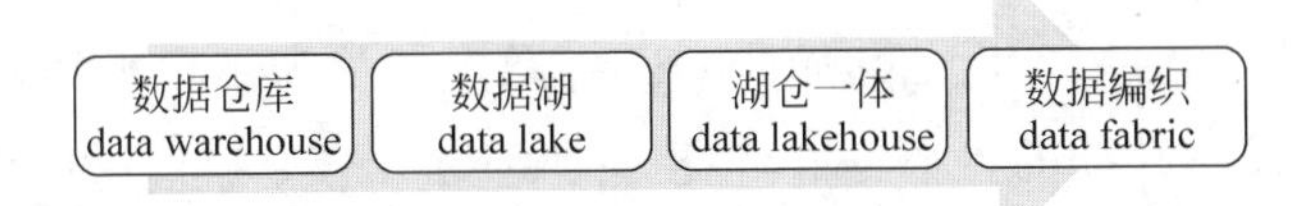

图1.2　数据管理技术的发展趋势

数据编织可以同时给业务和技术团队带来明确的价值：从业务层面来看，由于企业能更容易地获得高质量的数据，从而能更快和更精确地获得企业数据洞察；从技术层面来说，由于数据复制的次数和数量较少，从而减少了数据集成的工作，方便维护数据质量和标准，也减少了硬件架构和存储的开销。数据编织减少了数据复制和大大优化了数据流程，加快并简化了数据处理过程，同时通过实施自动化的整体数据策略，减少了数据访问管理的工作。

1.3 数据管理架构的未来

在数据管理和分析领域五十多年的历史长河中，产生了不少数据管理和分析架构概念，其中一些已经不再有人提起。那么，未来的数据架构会是什么样子呢？由于数据存储和数据处理都是高度分布式的，并且未来将继续是高度分布式的，因此像数据联邦这样的方法是不可避免的。

今天，数据存储存在于比人类历史上任何时候都多、不同的地方。联邦是一个古老的概念，当它在2002年首次出现时，产品供应商及一些数据管理从业者都支持数据联邦作为传统数据仓库架构的替代品，18年后，类似的概念在数据虚拟化(data virtualization)产品中仍然存在。IBM、Oracle和SAP、Sybase不仅推销数据联邦技术，还在其旗舰关系数据库(RDBMS)中引入了类似联邦的功能。原本用来消除这种分布的数据架构和平台的创新——数据仓库和Hadoop数据湖——在经过多年的实践之后，结果证明想消灭数据分散的努力已经失败了。数据仍然存在于遗留存储库和黑匣子应用程序、可操作数据存储和沙箱、新一代流存储库、云应用程序和服务及一系列不同的(在某些情况下是未知的)孤岛中。

数据存在于如此多的地方，因为数据的使用和消费范式已经改变，对于企业如何创建和使用分析尤其如此——数据仓库是为用户被动使用报表和仪表板的范式而设计的。数据仓库之所以有效，是因为它集中了数据和访问，并且其数据是从上游系统中提取并转换以符合预定义的架构。

相比之下，当今的高级分析用例的特点是开放式探索和更深入(通常是迭代)的数据分析，与作为数据仓库基础的报表和仪表板不同，探索性用途具有不可预测的数据和处理需求。

随着高级分析的需求越来越多，我们面临访问数据并将其用于分析的问题越明显。从本质上讲,数据高级分析是一个需要数据移动的问题。问题在于,在大数据规模上全部移动数据的物理效率令人难以接受。数据移动将是未来最大的问题之一,不仅仅是移动数据,而是尽量减少必须移动的数据量。这需要将数据工程工作负载(数据的准备和转换)转移到要移动的数据"存在"的系统上。数据不是整体移动大量数据,而是就地处理,因此数据高级分析实际上只移动了一小部分数据。

2017年,TDWI(transformer data with intelligence)研究中心在一份清单报告《向现代数据仓库演进》中阐述了解决这个问题的方法,"诀窍是将大数据或数据湖平台与RDBMS集成在一起,以便它们以最佳方式协同工作。例如,一个新兴的最佳实践……就是在Hadoop分布式文件系统中管理各种大数据,但对其进行处理并移动结果……到RDBMS……这更有利于基于SQL的分析。这需要大数据或数据湖平台与RDBMS之间的新接口和互操作性,并且需要在语义层进行集成,其中所有数据——甚至是Hadoop或Spark中的多结构化、基于文件的数据——看起来都是关系的。这是统一关系数据库系统/大数据和数据湖架构的秘诀。它支持基于标准SQL的分布式查询,可以同时访问仓库、HDFS和其他地方的数据,而无需预处理数据来重新建模或重新定位数据。"上面这段所描述的听起来很像数据联邦——或者更确切地说,是数据虚拟化的替代品。

由于分析工作负载的多样性和复杂性,数据仓库现在只是几个分析环境之一。分析沙箱(以独立的关系数据库系统、小型Hadoop(或Hadoop/Spark)集群和数据湖的形式)越来越普遍。其他记录存储库也是如此,从数据湖本身到流存储库,到图形数据库系统,再到(实际上是无限的)云存储服务。

现代数据仓库必须能够从所有这些平台获取数据并与之共享数据。新分析环境中的数据移动是双向的。数据存在于各种来源中,不仅仅来自这些来源,在某些情况下,可能希望将新数据或聚合数据推送回这些源。结果是,分析师通常会在不同时间从不同的系统发起数据移动。

新数据环境没有"中心"。其中的每个系统都是一个可能的数据源,也是一个向其他系统查询数据的可能来源。数据移动需要一种结构,而不是一个单向连接器或只能从一个位置工作的检索机制。

TDWI研究中心并没有将所说的秘密武器称为"联邦"，这是因为所描述的核心问题并不是严格意义上的联邦查询问题，而是数据联邦和虚拟化存在的理由。相反，核心问题是如何以成本最低的方式进行数据移动。

最低成本数据移动是一种策略，用于将数据转换和数据准备的其他方面向上或向下推送到源系统或目标系统。这比数据联合或虚拟化更复杂。

一方面，最低成本数据移动提供了一种透明地将查询重定向到分布式关系型数据库的方法。另一方面，作为一种成本最低的数据移动技术，它是一种将数据处理透明地转移到数据所在的位置（DBMS或数据源）的方案。更重要的是，最低成本数据移动是协作的，它可以将处理推送到各种平台，例如，MongoDB、Hadoop和Spark，以及各种数据仓库。

最低成本数据移动将能够简化和优化其数据架构，没有强调移动数据（如ETL），而是允许移动足够的数据，这种差异至关重要。这将使用户能够做他们以前从未做过的事情，也许可以将数据留在原地。例如，要做一些数据报告，不需要从那里的那个平台中提取数据。如果数据位于一个单独的平台中，最低成本数据移动获取需要的信息的方法不多也不少。它在那边的汇总表中汇总并生成数据，这样用户就可以从中创建报告。这也有额外的好处，最低成本数据移动将使我们有机会将数据留在需要的位置或已经存在的位置，然后以更有效的方式从那里利用它。可以减少复制并精简一些数据库，因为除非是灾难恢复方案，否则不需要复制数据。

现代数据管理架构知道从数据中获取价值的关键在于提供适时的正确数据，无论其位于何处。这种能力取决于是否已经建立现代的数据架构，作为企业数据战略的一部分。

有目的的现代数据管理架构将业务需求转化为数据和系统要求，并管理数据在企业内的保护和流动。该架构由业务需求驱动，并支持短期和长期的目标，单一、结构化的静态数据架构的时代已经过去。如今的企业受到数据运动和静态数据、多种形式的数据及不同质量和信任度的数据的驱动。

由于数据分布在本地和云中，现代数据管理架构解决方案对于满足业务的专门需求、应用数据分析及大规模使用数据和人工智能至关重要。对于大多数企业来说，现代数据管理架构不仅是一种选择，而且是一种紧迫的需求。如何找到并确定这些专门需求以选择合适的技术呢？数据拓扑结构帮助您分类和管理实际场景，以构建一个考虑用户、用途、约束和数据流的现代数据架构，并且对未来需求高度有韧性。

综上所述，现代数据管理架构有以下关键特征：

(1) 具备灵活性和可扩展性，以使数据保持可管理；

(2) 能够集成分布式领域和解决数据孤岛问题，如不同部门或地理位置之间，无论是物理还是虚拟的；

(3) 使用混合多云平台来管理和处理数据；

(4) 通过计算和存储可扩展性处理不断增长的数据量；

(5) 在数据提供方和消费者之间的价值链中自动执行数据集成、数据工程和数据治理；

(6) 在整个架构中嵌入了安全性、可扩展性和适应性。

最后，对最常见的四类数据存储和管理架构进行了对比，见表1.1。

表1.1 最常见的四类现代数据存储与管理类型对比表

能力项	数据仓库	数据湖	数据网格	数据编织
连接来自原始系统的数据	□	□	○	○
提供敏捷的数据建模	□	◇	◇	○
管理历史数据	○	○	○	○
管理事务数据	□	□	○	○
数据访问平民化	□	□	◇	○
集中数据治理	○	◇	□	○
快速提供价值挖掘	□	□	□	○
可以在没有数据工程师的情况下完成	□	□	○	○
不需要软件工程师就可以完成	○	○	□	○

注：□ 不支持；◇ 部分支持；○全部支持。

1.4 数据网格与数据产品

从数据中最大化价值一直是企业面临的持续挑战。在数据管理领域最新的一项贡献是数据网格概念——一种去中心化、分布式的企业数据管理方法,它将数据产品(data product)的概念引入了数据分析和管理的主流。

那么,什么是数据产品?在互联网上快速搜索,会找到与该领域相关但不同的两个术语:

(1) 数据作为一种产品,是将产品管理原则应用于数据以提高其使用和价值的概念。

(2) 数据产品是一种组合,包括一个可扩展的、可重用的数据集,旨在为下游数据消费者提供可靠的数据,以及相关的元数据,使数据更容易查找和消费。数据产品是将数据作为一种产品思维应用于特定目的的结果。

数据产品的内容可以采用多种形式,例如,关系型数据库中的表结构、输出数据的代码片段、SQL 视图、嵌入式推荐引擎或欺诈检测模型。

数据网格视角为数据产品提供了更精确的定义。在这个框架内,数据产品是一个自包含的实体,包括负责数据收集、转换、元数据定义和运行代码所需的基础设施的代码,输出为一个本身有价值的数据集。虽然不是每个企业都足够成熟,或者立即需要采用数据网格方法,但将数据视为产品的概念仍然至关重要。

为了使数据产品尽可能有用且无摩擦,需要考虑某些属性的重要性,包括可发现性、可寻址性、可靠性、自描述的可互操作性和安全性。

数据网格还倡导应用开发团队承担整个数据产品生命周期,从构思、开发和管理到退役的责任。例如,销售运营部门负责管理销售数据系统,将销售数据作为数据产品提供给企业内的其他部门。业务部门负责数据产品最终提高了整个企业的敏捷性,因为它避免了依赖中央数据团队提供和管理数据的瓶颈。

采用数据网格数据管理哲学所需的各个方面,如实施新技术及进行重大的组织和文化变革,是一项重大任务。但即使没有数据网格,通过采用将数据视为产品的心态，企业也将优先考虑利益相关者的需求和价值交付，确保数据产品符合特定要求。

通过数据产品方法，企业可以缩短数据与业务价值之间的距离，优先考虑利益相关者定义的价值，并将数据产品与关键绩效指标相连接。数据产品生产者持续且主动地迭代和优化数据产品，以满足数据产品消费者的需求。这种迭代过程使数据产品能够满足利益相关者的需求，并在企业环境发生变化时（无论是外部竞争还是内部组织变革）交付企业价值。

1.4.1　数据产品的特征

在建立数据产品计划时，要认识到企业取得的更直观的胜利将来自初始数据产品提供的业务价值。随着计划扩展，积极考虑在整个企业内实现可扩展性和一致性的计划。下面分享一套增强数据价值并超越特定业务需求的数据产品要求。

1. 可发现性

以一种促进数据可发现性的方式设计数据产品，确保用户可以轻松找到并访问他们所需的数据。

(1) 元数据：包含有关数据的信息的数据产品有助于用户了解其内容、上下文，并更容易找到。这些元数据可能包括关于数据源、收集日期、业务相关性和其他有助于理解的详细信息。

(2) 搜索功能：使用企业内常用的关键字和描述，通过选择的工具进行索引和搜索。如果企业使用业务词典，应用这些术语将有助于确保一致的发现。许多数据产品使用户可以找到特定的数据集或主题。优化搜索功能，以便快速提供相关结果，并使用户更容易找到所需的数据。

(3) 数据分类：使用企业内熟悉的标准类别和子类别（如领域和主题）标记数据，以便快速过滤和钻取相关数据。将数据产品组织到类别和子类别中，如主题、数据源、日期或其他相关因素，使用户更容易浏览可用数据集并找到所需的数据。

(4) 用户反馈：收集用户关于使用产品的体验反馈，以便数据产品开发人员可以持续改进数据产品的可发现性。

2. 自助服务和可用性

设计数据产品以支持自助数据探索和分析，使非技术用户更容易处理数据并获得见解。以下是促进自助数据产品消费的方法：

(1) 用户友好界面：提供一个设计精良、用户友好的自助界面，使非技术用户能够独立使用数据产品。

(2) 数据易用性：设计数据产品，使其易于使用，无论是对当前还是长期业务需求，都能让用户可靠地访问。

(3) 文档：生成关于数据产品的文档和用户指南，提供使用数据的清晰指示。这可能包括提供数据字段的定义、数据来源和限制的解释，或数据如何为企业提供价值的示例。

(4) 数据消费：添加图表、代码片段及消费和输出的示例，帮助消费者降低利用率的时间。

(5) 协作与共享：通过启用用户在分析和分享见解方面的协作，激发数据产品文化。这可能包括评论、分享和发布等功能。

(6) 培训和支持：为数据产品提供培训和支持，帮助用户尽快熟悉产品并学会如何有效使用。这可能包括在线教程、帮助文档和用户论坛。

3. 扩展数据产品

每个数据产品项目都需要一个技术平台，使用户可以轻松地在所有领域设计、管理和治理所有数据产品。数据产品是数据洞察的基础构建块，可以独立使用，也可以在下游组合创建更高级的数据产品。次要数据产品来源于现有数据产品，通过组合或转换数据提供新的见解，从而增加价值。第三级数据产品将次要数据与其他来源或外部数据相结合，提供更深入的见解或创建新的数据产品。这有助于企业提高竞争力，增强敏捷性，并适应不断变化的市场条件。数据产品在以下几方面充当第二级和第三级数据产品的构建块：

(1) 标准化：通过标准化数据产品，企业可以确保建立在它们之上的所有次要和第三级数据产品使用相同的定义和格式。这使得从不同来源组合数据变得容易，并确保不同产品之间的一致性。

（2）互操作性：设计为互操作的数据产品可以轻松地与其他数据产品结合，以创建新的见解或应用。例如，提供天气数据的数据产品可以与提供交通数据的数据产品结合，创建一个新的应用，帮助用户根据天气和交通条件规划路线。

（3）程序化访问：提供应用程序编程接口（API）的数据产品可以与其他数据产品轻松集成，提供新的见解或创建新的应用。例如，企业可以创建一个自定义应用，结合多个数据产品的数据，提供独特的客户体验。

4. 规模化治理

数据产品管理平台通过提供公共框架帮助管理员在集中管理和自动化各种数据治理过程、提高数据质量及在整个企业内实现安全和合规。以下是这些平台在规模化治理数据产品方面为数据管理员提供的一些帮助：

（1）元数据管理：这使管理员能够维护全面且准确的数据资产清单，包括数据血缘、质量和使用信息，以确保数据在不同系统和应用中得到适当的分类、标记和跟踪。

（2）数据质量管理：自动化数据质量检查和警报使管理员能够迅速识别和解决数据质量问题，从而提高企业内数据的准确性和一致性。

（3）访问和安全管理：管理员可以控制数据资产的访问，设置数据访问策略，并监控数据访问和使用，以确保数据在使用数据隐私法规和安全策略方面得到合规访问和使用。

（4）数据集成和自动化：管理员可以自动化数据处理工作流程并简化数据集成过程，减少从不同来源集成数据所需的时间和精力，并确保数据保持一致且更新。

（5）分析和报告：数据管理员可以监控和跟踪数据治理过程和绩效指标。这有助于识别改进领域并大规模优化数据治理过程。

5. 降低拥有成本

数据产品通过提高数据效率、减少手动工作和简化流程来降低数据管理的总拥有成本（total cost of ownership，TCO），从而帮助企业在提高整体业务性能的同时节省时间和资金。以下是数据产品在降低总拥有成本方面提供的一些帮助：

（1）自动化数据管理：数据产品自动化各种数据管理过程，包括数据集成、数据质量和数据治理，减少手动干预的需求，提高效率。这降低了运营成本，并释放资源专注于战略举措。

（2）提高数据质量：数据产品提供自动化的数据质量检查和警报，提高企业内数据的准确性和一致性。这减少了验证和纠正数据所需的时间和精力，从而节省成本。

（3）自助分析：数据产品使用户可以独立地访问和分析数据，而无需依赖 IT 或数据团队。这可以减轻 IT 和数据团队的负担，并释放资源专注于其他倡议。

（4）可扩展的基础设施：数据产品可以利用可扩展的基础设施，并随着企业的需求增长，降低维护和升级基础设施的成本，同时确保企业能够处理不断增长的数据量。

（5）数据驱动的决策：数据产品可以提供洞察和分析，帮助企业在各个层面实现数据驱动的决策，从而降低做出错误决策的成本并提高整体业务性能。

6. 数据产品的未来

随着生成式人工智能和大语言模型（large language model，LLM）的崛起和广泛应用，企业机构将降低用户的准入门槛，这些用户可能没有技术专长或对复杂界面不太熟悉。通过利用 LLM 的自然语言处理能力和以用户为中心的设计，企业可以在数据产品周围提供更直观和用户友好的体验。以下是 LLM 如何赋予企业更广泛采用数据产品的能力。

（1）民主化数据访问：LLM 的自然语言处理能力使数据产品对更广泛的受众更加可访问。用户可以与数据产品互动，消除了对深度数据专业知识的需求。此外，那些发现数据产品易于使用和理解的用户更有可能使用它们并推广它们的使用。

（2）数据探索和发现：LLM 可以帮助用户探索和发现可信数据产品中的见解。用户可以提出问题、要求特定的分析或寻求指导，而 LLM 可以提供相关的回应和建议。LLM 促进的这种互动式数据探索鼓励用户探索和采用数据产品，因为他们获得了有价值的见解并做出了基于数据的决策。

(3) 个性化和推荐：LLM 根据用户的偏好和历史行为提供个性化的推荐，为用户创造更贴心的体验。通过建议相关的数据产品或见解，LLM 增加了用户的参与度和满意度，使他们更有可能探索和推广数据产品给其他人。

(4) 自动化和效率：LLM 自动化数据分析任务，如数据预处理、异常检测或预测建模，节省用户的时间和精力，使他们能够专注于获取见解和价值。通过 LLM 的自动化功能获得的提高的效率和生产力可以有助于数据产品的受欢迎程度。

虽然 LLM 推动了数据产品的采用，但数据产品的实用性、价值主张、有效的沟通策略及解决数据隐私问题等因素也发挥了重要作用。LLM 增强了数据产品的可访问性、可用性和用户体验，从而促进了它们的采用。

1.4.2 构建数据产品的人与流程

数据产品充当数据生产者和数据消费者之间的交换单元。在本节中，将探讨数据团队需要的人和涉及其中的关键人员：数据平台工程师、数据产品制作者和数据消费者。数据产品需要建立在由数据平台工程团队管理的数据产品创建和交换平台之上，我们也将对此进行介绍。

1. 建立数据团队

在这里，我们将解释在数据团队中需要的人员。

1) 数据平台工程师

数据平台工程师负责构建和维护整个数据生态系统的基础设施，包括数据产品平台，确保数据存储和计算能力满足数据管理和使用的需求。通常情况下，这个角色还负责提供建立集中式治理政策所需的能力，以防止数据领域的“狂野西部”现象。数据平台工程师使数据产品计划和负责数据产品的团队都能够取得成功。

此外，数据平台工程师还为生产数据产品的数据团队提供可执行的限制条件，以确保他们能够自由地运作。这些限制条件可能包括个人可识别信息(personal information identification，PII)数据的处理、API标准及数据产品模板和设计标准。

2) 数据产品制作者：数据产品经理和数据工程师

尽管有多个角色负责成功创建和使用数据产品，但对数据产品的成功负有责任的两个关键角色是数据产品经理和数据工程师。在一些企业中，数据产品经理可能负责管理完整的数据产品生命周期的战略，而在一个独立的角色中，数据产品的负责人可能负责日常管理数据产品。对于混合方法，我们建议一个单一的角色，跨足战略到战术的数据产品执行和维护的全责。

在数据产品的初期阶段，了解数据产品的业务需求对于数据产品计划的成功至关重要。数据产品经理和数据工程师必须具备强烈的合作精神，以确保关键的业务需求得到理解并得到满足，包括：

(1) 协作：数据产品经理根据数据消费者的业务需求来定义要求，而数据工程师提供技术可行性和实施设计的指导。

(2) 优先级：数据产品经理可以提供关于不同数据工程倡议的业务价值的指导，而数据工程师可以就每个项目的技术复杂性和可行性提供意见。根据其潜在影响和可用资源，多领域数据产品可能需要与不同领域的专业知识专家合作。

(3) 技术实施：数据工程师负责数据产品的技术实施，包括管道和管道的输出。数据产品的可理解性由数据工程师和数据产品经理共同承担。数据产品经理负责主动获取预期受众的反馈，以确保最终的数据产品输出提供业务价值。

(4) 持续过程改进：这两个角色需要共同合作，识别数据产品流程中需要改进的领域。

3) 数据消费者：数据分析师和数据科学家

数据消费者是数据产品计划的客户，负责消费和将数据转化为业务价值。这一组的输出包括但不限于仪表板、数据和机器学习(ML)模型、报告等。通常，他们的输出用于重要的决策制定。

因此，重要的是确保数据消费者不仅限于严格的“仅消费”模式。相反，在消费数据产品后提供反馈对于为数据产品制作者提供可行的见解以持续改进数据产品，具有关键意义。

2. 数据产品平台

由于数据产品的核心目标是从数据中实现业务价值，因此促进数据消费至关重要。绝大多数企业仍然面对这样一个问题，即只有少数经验丰富的数据员工了解那些未经编码和封闭的数据。这使得他们不得不背负不应有的负担，支持大量员工的任务，这些任务通常超出了他们最初的责任范围，分散了时间，无法执行维护数据管道、数据质量和数据基础设施等重要任务。此外，这种安排可能会在这些“活跃数据目录”离开企业时，威胁业务连续性。

成功的数据产品计划将数据消费者视为数据团队输出的客户，并侧重于集中治理和基础设施，以提供高度的数据产品可发现性和可访问性。

3. 具有集中策略的分散治理

可以理所当然地认为，数据产品通常是通过集中的数据基础设施来自多个数据源的输出。尽管数据湖和数据仓库可能构成了唯一的真相源，但更常见的情况是来自多个数据源的分析数据的混合。然而，考虑到灵活性，各个领域的数据团队要么需要被授权来管理他们在集中数据基础设施、卫星运营和分析数据源中的角落，要么需要具备通过集中数据治理层来管理的能力。

为了实现最大的灵活性，我们建议在集中数据治理功能的顶部或内部托管一个集中的数据产品治理平台。这是一个位于企业的所有数据源之上的层，提供以下方面的集中治理：

（1）元数据管理；

（2）数据发现；

（3）数据集成；

（4）数据交付；

(5) 安全性和访问控制。

现代数据管理解决方案已经开始实现了在分散数据生态系统中进行集中治理的能力。围绕联邦查询引擎构建,它们实现了创建创新的联邦数据产品的能力,同时大大减少了数据传输的需求,消除了对集中数据基础设施的需求。重复在每个数据源和每个云供应商的每个云区域中实施数据治理的需求,再加上数据堆栈中的每个工具,开始成为过去。

此外,借助于不需要数据传输的分散生态系统的连接能力,打开了传统上禁区的机会:在操作和分析数据平面之间建立联邦数据产品,主要的限制缩减到所使用的数据源的类型和选择的解决方案的连接器的可用性。

1.4.3 构建数据产品的十个建议

可从以下十个提示中获取灵感,以顺利并成功地构建数据产品:

(1) 注重业务价值:确保技术在减轻数据产品开发者(data product developer,DPD)的认知负担方面发挥作用,使他们能够专注于数据及其相关的业务背景。

(2) 将数据产品与关键绩效指标(key performance index,KPI)关联起来:领先的KPI提供了一个可量化的框架,用于评估数据产品的影响和有效性,确保它们在企业内持续具有相关性和价值,并推动持续改进。

(3) 关注用户指标和数据产品的总拥有成本:通过这样做,数据产品使企业能够优化其数据策略和投资,提供有关用户行为的宝贵见解,促进用户采纳,并帮助简化资源分配。因此,企业可以做出基于数据的决策,以最大化其数据资产的价值和影响,同时控制成本并确保合规性。

(4) 通过业务角色和责任确保治理:通过关注业务治理,企业建立对其数据资产的信任,降低风险,并确保合规性。它们促进责任、数据完整性和道德数据处理。有了强大的治理,企业可以基于可靠的数据做出自信的决策,促进整个企业中的数据驱动决策文化。

(5) 设计时考虑使用者:为客户设计数据产品应基于对其独特需求、偏好和工作流程的深刻了解,以实现最大价值,促进用户采纳和参与。

(6) 无需复制即可重复使用相同的数据产品:优先重复使用而不复制

多个副本的数据产品在成本节省、数据一致性和提高生产率方面具有重大优势。通过利用数据虚拟化、数据湖和数据 API 等技术，企业可以释放其数据资产的全部潜力，而无需冗余的副本。

(7) 为数据生产者和数据消费者提供激励，避免影子 IT：通过将数据产品与用户需求保持一致，提供充分的支持和教育，并确保授权解决方案的安全性和可用性，企业可以将与影子 IT 相关的风险降至最低，同时最大化数据驱动决策带来的益处。

(8) 投资于数据产品负责人/经理角色：数据产品负责人/经理在监督数据产品的整个生命周期中起着至关重要的作用。他们是与产品优化、确保业务目标与产品开发之间的一致性的主要联系点和倡导者。数据产品负责人与利益相关者合作，收集需求，优先考虑特性，并做出基于数据的决策。

(9) 记住迭代至关重要：通过持续反馈和循序渐进的开发，包括完善、以用户为中心的设计、适应性、测试、风险缓解、持续学习和用户采纳，数据产品可以不断发展、改进，并与用户需求和不断变化的要求保持一致，最终提高其在企业内的有效性和价值。

(10) 投资于企业文化：采用数据产品思维可以在企业中建立一个明智决策和持续增长的文化，通过推动数据驱动决策、增加透明度、鼓励实验和创新、促进协作、启用自助式分析、庆祝成功，促进持续学习和改进。

综上，数据产品是一个对数据质量、数据血缘和数据所有权拥有全面可见性，能够提供更快的交付时间和改进的自助式服务水平协议(service level agreement，SLA)，最终赋予数据消费者权力的自助式服务、发现、理解和使用的数据集。

1.5 行业数据面临的挑战

一种恶性循环在企业一直长期存在，如图 1.3 所示：要么是数据集中，统一为各个部门(有时甚至在内部)提供数据；要么就是允许各个部门按照自己的意愿向彼此提供

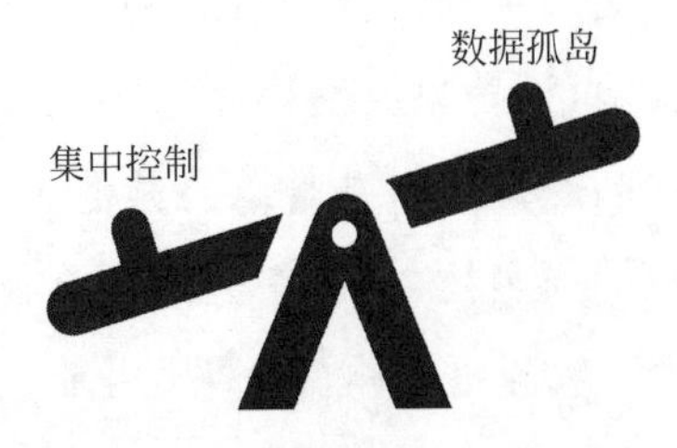

图 1.3 集中控制与数据孤岛之间的平衡

数据形成大量的数据孤岛。

数据集中的优点有很多：简化了安全和隐私规则的执行，有利于数据质量的维护，降低了数据编目和搜索的复杂性，能够跟踪、控制和报告数据使用情况，改进了数据集成，并提高了能力支持与数据完整性和其他数据访问服务级别相关的各种保证。不幸的是，数据集中有两个主要缺点：

(1) 由于在数据集中控制下获得新数据集所需的延迟而降低了企业敏捷性；

(2) 进行数据管理的数据集中团队通常成为企业瓶颈并限制数据的可扩展性和开创性分析。

由于数据集中控制的敏捷性和可扩展性挑战，许多企业被迫允许数据孤岛的存在：数据集位于集中控制之外，以便需要快速提供数据集而无需经过中央审批流程的单位可以这样做。

数据孤岛通常是通过临时流程创建的：个人或团队获取一些源数据，以各种方式对其进行增强，并将结果转储到孤岛存储库(例如，数据湖)中供自己和(或)其他人使用，如果他们愿意的话。这些数据孤岛通常在短期内具有重要价值，但随着时间的推移，其价值会迅速丧失。在某些情况下，数据孤岛不仅会随着时间的推移而失去价值，而且由于缺乏维护及未能遵守数据隐私和主权标准而导致数据过时或不正确，因此实际上会对访问造成损害。在许多情况下，它们最初并不是使用经过批准的数据治理实践创建的，并且给企业带来了安全漏洞。

数据孤岛的价值通常也仅限于数据集的创建者，而企业的其他成员仍然不知道该数据集的存在，除非他们得到明确的通知并直接接受其语法和语义的指导。随着时间的推移，企业记忆会随着员工流动和跨部门流动而减弱，孤岛只会变得越来越难找到。此外，由于缺乏维护，随着时间的推移，它们变得越来越难以与其他企业数据集成。在最初创建这些数据孤岛时浪费了很多精力，但它们的影响在广度和时间上都是有限的。

在某些情况下，情况可能恰恰相反：数据孤岛影响太大，其他单位在这些孤岛之上构建依赖关系，而这些孤岛是使用未经批准的数据治理标准部署的，并且数据治理不当的所有有害副作用都会传播到整个企业。

因此，当企业推行集中控制时，他们会失去敏捷性、可扩展性和视野广度。当他们摆脱集中控制时，他们就会失去数据质量、安全性和效率。如果需要双赢，如何权衡确实是一个难题。

如果实施得当，数据产品是摆脱这种恶性循环的一种有希望的方法。数据产品要求数据生产者在企业内提供数据的过程中态度发生根本性转变。以前，向其他单位提供数据需要将其交给集中团队或将其转储到数据孤岛存储库中，而现在数据生产者承担了许多新的责任。“数据编码、数据增强和数据卸载”数据集，将治理和遵守企业最佳实践的责任移交给其他人的做法不再被接受。相反，原始数据生产者或企业内的相关团队负责长期致力于提供数据集并维护其长期数据质量。

数据产品的思考必须超越企业内当前想要访问数据集的直接群体，而必须更广泛地思考：谁是该数据产品的最终“客户”？他们需要什么才能成功？他们对产品的内容有何期望？我们如何才能普遍传达数据集的内容和语义，以便通用“客户”可以访问和使用数据集。

数据产品的本质特征是它们不需要所有权，甚至不需要数据集中控制团队的批准。因此，避免了集中式数据管理的敏捷性和可扩展性问题。然而，数据产品并没有完全拒绝我们上面提到的集中化控制方式的所有方面。企业仍然可能要求所有数据产品在单个软件系统（或跨少量不同系统）中进行物理存储和访问，以维护全局安全及数据使用情况的跟踪、控制和报告。此外，集中控制团队可以指定数据产品创建者必须遵守的一组数据治理规则。集中控制团队可以维护与客户、供应商、零件、订单等相关的标识符的全局数据库，数据产品在引用共享概念实体时必须使用这些全局标识符。然而，这些集中式活动都不是在每个数据集的基础上完成的，这将成为将新数据产品引入生态系统的瓶颈。

尽管如此，数据产品方法更接近于权衡的数据孤岛侧，而不是集中控制侧。任何团队——只要他们对数据集承担长期责任——都可以创建数据产品并立即提供可用。就像现实世界中的传统产品一样，有些产品会取得成功并被广泛使用，而另一些产品最终会默默无闻或“停业”。然而，与数据孤岛方法不同，“停业”是负责数据产品的团队的明确决定，即停止支持产品的持续维护义务并消除其可用性。数据产品需要各种团队的协作才能完成(图 1.4)。

图 1.4 数据产品需要团队合作

此外,正如传统的现实产品需要有关如何使用产品的文档、产品出现问题时可以拨打的电话号码及产品将随着客户需求变化而发展的期望一样,数据产品同样如此。正如传统产品需要利用亚马逊等市场向潜在客户广播其产品的可用性一样,并且必须提供有关其产品的必要元数据,以便在搜索时它可以出现在适当的位置,企业也是如此,需要为数据产品创建市场(可能包括审批流程),以便数据产品生产者和消费者能够找到彼此。

数据产品方法的主要缺点是增加了数据生产者(或数据生产者指定的团队)保持数据集产品化的负担。随着时间的推移,要保持数据集可用、安全并与其他数据集正确集成,需要初始和持续的努力。在集中式方法中,大部分工作是由集中式团队完成的。在数据孤岛方法中,大部分工作都不会发生。然而,在数据产品方法中,这项工作按照数据生产者的方向分布在整个企业中。

作为一个简化的示例(图 1.5),企业可能会决定(理想情况下)应将街道号码和名称信息存储为整个企业数据集中的单独字段。

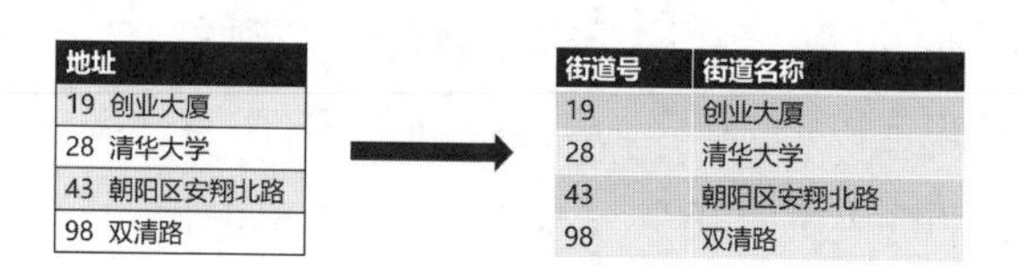

地址
19 创业大厦
28 清华大学
43 朝阳区安翔北路
98 双清路

街道号	街道名称
19	创业大厦
28	清华大学
43	朝阳区安翔北路
98	双清路

图 1.5 数据产品示例

进行上述数据更改(同时还支持使用以前版本的数据产品的应用程序的向后兼容性)的负担落在产品维护人员身上。

同样,如果新的数据产品出现,旨在代表整个企业中存储的所有客户数据(ID、姓名、地址等)的全局视图,则可能会要求引用客户信息的所有其他数据产品包括对全球客户数据产品使用的客户全局标识符的引用,以改进与引用重叠客户集的其他数据集的集成。即使没有直接要求这样做,维护数据产品的团队在理想情况下也应该独立实现这种潜在集成的价值,并主动添加额外的外部参考,以增加其数据产品的价值。

此外,维护有关数据产品的一组全面的元数据至关重要,以便它可以出现在企业数据目录、知识图谱和搜索中。这包括确保准确表示数据集的语义,以便其他人可以正确使用它。必须为需要帮助理解和使用它的人提供支持,并建立反馈机制,以便随着时间的推移改进数据集以满足客户需求。

所有这些事情都需要付出巨大的努力,数据产品方法的成功完全取决于创建和维护数据产品的团队的可用性和意愿来执行它。他们不仅必须有空并且愿意,而且首先必须有能力执行这些任务。准备数据产品涉及的一些任务需要各个方面的技术知识,例如,数据集成可以通过机器学习技术、使产品可用所涉及的数据编排、对数据编目和知识图谱的理解、数据库管理等来改进。尽管确保集中式团队拥有所有这些技能(在某种程度上)很简单,但根本不能保证每个独立的数据产品团队都具备这些技能。

在大数据背景下,网络结构发生边界模糊、中心离散、分层减少等重大变化,导致原来奏效的安全防护理念和技术出现了设备位置不确定、检测目标不明确、防护重点不突出、阻断策略不匹配等问题,防护效能严重降低。由于大数据具有体量庞大和价值密度低等特点,使得在大数据中寻找蛛丝马迹更加困难。

在数据集成和从数据孤岛中生成洞察和见解方面,企业现状面临着重大挑战。当前数据领域最大的障碍之一是数据孤岛化和碎片化,即数据分布在各种系统和平台上,难以访问、分析和管理。随着混合云和多云环境中数据源数量的不断增加,企业正在努力集成来自多个异构源的数据,以创建统一的数据视图。

企业领导者面临着市场压力,要求他们在有限的预算、时间和技能的限制下从数据管道中提取价值。数据是如此多样化和海量,给企业运营商带来了持续的管理挑战。此外,随着业务数据走出防火墙,给所有企业带来了新的安全问题。在这种情况下,“数字生态圈”中出现了另一项创新——数据编织——来处理现代企业数据的规模、多样性和治理。

那么,什么是数据编织呢?

数据编织的目标是根据爆炸式增长的数据量、来源、格式和用例,提高企业从数据中获得的价值。数据编织是一种架构方法,使用元数据、机器学习和自动化将任何位置的任何格式的数据编织在一起,使人员和系统能够轻松查找和使用。它通过智能自动化将数据管理的独立功能(集成、准备、编目、安全和发现)统一到一个流程体系中。

业务团队需要快速做出数据驱动的决策,而数据团队需要新的方法来跟上对数据的需求。数据编织通过提供以下优势来应对传统数据管理挑战:

(1) 更快地获得见解。获得洞察的时间是数据管理有效性的衡量标准,即使用数据达到为业务行动提供信息的执行时刻所需的时间。数据编织旨在显著缩短获得见解的时间。除了提供智能自动化和增强的可发现性外,数据编织还隐藏了企业数据的复杂性,因此消费者不必知道数据存储在哪里或采用何种格式。删除这些细节可以让数据使用者专注于进行分析,而不是争夺他们需要的数据。

(2) 减少数据管理工作量。数据编织使用AI和机器学习来自动执行许多数据管理任务,如对新数据源进行编目、通过自然语言搜索提高可发现性及协助数据准备。自动化可以消除耗时的手动步骤,这些手动步骤在过去是数据团队难以匹配上的数据需求。

(3) 更有效的数据发现和访问。数据编织将完整的最新数据目录与高级搜索功能相结合,使数据使用者能够了解他们可以使用哪些数据。这就像让搜索引擎负责企业数据一样。关键字搜索功能及有关数据资产的丰富文档使业务分析师、数据科学家和数据团队能够查找数据资源。有了这些,他们就可以评估各类数据在给定用例中的价值。另外,通过数据发现最终会导致数据访问,数据使用者连接到他们找到的数据资源并加以使用,数据编织支持直接访问数据。

1.6　数据编织的概念综述

2010年前后，人们对数据的思考和价值观发生了翻天覆地的变化。在接下来的十年里，许多企业出现了首席数据官（chief data officer，CDO），后来数据科学家作为其他类别的工程师也出现了，成为人类知识和数据基线的重要贡献者。百度通过合理而有效的手段资本化了数据价值，打破了人们对数据可能带来的低预期，同时为企业向数据驱动的数字化转型开辟了道路。随着越来越多的决策以数据为导向，数据在日常工作和生活中发挥着越来越重要的作用，人们看到了周围的机器了解每个人的一些事情：购物习惯、口味、偏好（有时会达到令人不安的程度）。数据在企业中用于优化生产、产品设计、产品质量、物流和销售，甚至作为新产品创新的基础。数据进入了每日新闻，推动了人们对商业、公共卫生和各类事件的理解。过去的十几年真正开启了一场数据革命。

人们比以往任何时候都更希望所有（无论其来源如何）数据都能够连接起来。人们不想为收集和连接数据而烦恼，他们只需要能够得到所有可用数据的答案。人们希望数据能够顺利地融入工作和生活的各个方面，希望数据能像万维网Web一样为企业、新闻、媒体、政府和其他一切服务。

人们期望的这种统一的数据体验并不是自然而然就实现的。虽然最终的产品看起来是无缝的，但它是数据工程师和大量数据贡献者努力的结果。

当来自整个企业甚至整个行业的数据交织在一起，形成一个总体大于其部分总和的整体时，就形成了人们称为数据编织的数据架构设计。需要明确的是，数据编织不是一个单一的工具。相反，它是一个专门的架构，包括多个工具的组合。此体系结构的主要作用是支持集成和连接分散的数据管理技术。

数据编织是一种动态的、分布式的企业数据架构，它允许企业的不同部分既为自己的业务用途管理数据，又将其作为可重用资产提供给企业的其他部分。通过以一种集成融合的方式将业务数据汇集在一起，数据编织使公司能够像人们期望的那样在日常生活中轻松地访问连接的数据。

数据编织是知识管理与数据管理两种技术长期趋势交织在一起的结果，这两种趋势是如何思考管理数据和知识的？一方面，知识表示（起源于 20 世纪 60 年代的人工智能研究）强调数据和元数据的含义；而另一方面，企业数据管理（始于 20 世纪 60 年代的数据库研究）强调将数据应用于业务问题。这两个线程的历史如图 1.6 所示，今天，它们被编织在一起，形成了数据编织。

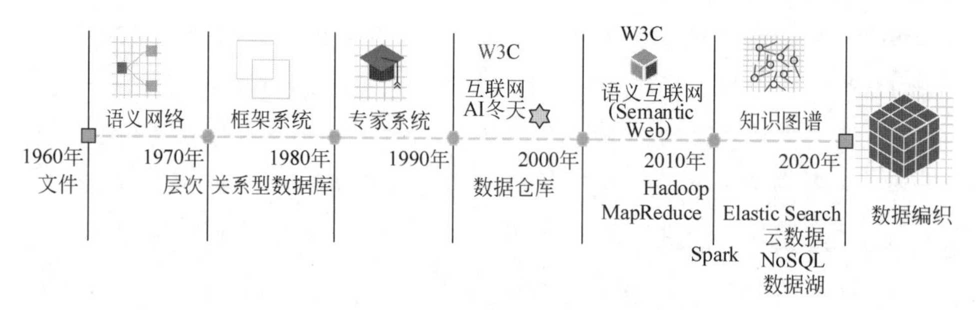

图 1.6　知识管理和数据管理技术的并行历史

数据编织是什么样子的呢？想象一下，在一家公司中，从首席数据官到数据应用程序开发人员、数据战略家们都听到高管和分析师们说他们想要这样丰富的数据体验，即产品开发人员搜索公司的当前产品，这些产品按类型和受众分类，并将它们与销售数据相关联，销售数据按地理位置、购买日期等进行组织，包括在线销售和店内购买。这与公司内部的产品定价和功能数据及第三方网站的评论、淘宝或京东等市场的销售数据无缝结合。产品开发人员可以全面了解所有相关产品的各个方面，并使用这些信息指导新产品开发。

人们如何从当前状态，即人们的数据被锁定在特定应用程序中转变为数据编织，即数据可以在整个企业中交互。

想象一下将数据集成的应用当作任何其他类型应用程序的开发挑战问题：找到正确的技术，构建应用程序，并解决它。当前的数据集成应用被视为一个一次性应用程序，在每次需要数据时，统一需要从头开始时构建一个新的数据集成应用程序。现在，人们需要重新思考企业中处理数据的方式，需要认识到数据资产本身具有价值，可独立于任何特定应用。当人们这样做时，企业的数据资产可以服务于过去、现在和将来的多个应用程序，这样就使得数据架构真正可扩展；从一个应用到下一个应用，它必须是持久的。

构建数据编织的核心是整个数据管理和分析(D&A)社区的努力，数据体验的质量取决于数据管理和分析社区贡献的整合程度。数据管理和分析社区提出了非常具体的技术要求。因此，当某些技术进步汇集在一起时，数据革命才得以诞生，这些进步包括：

(1) 分布式数据：指的是不在一个地方，而是分布在企业甚至世界各地。数据分布在整个企业中，具有不同的治理结构、不同的利益相关者和不同的质量标准。

(2) 语义元数据：告诉了人们数据及连接它们的关系意味着什么。人们不需要苛求意义，就能从中获得更多价值；只需要足够的语义，就能让人以有用的方式从一个数据集导航到另一个数据集中。

(3) 连接的数据：指没有数据集是独立的。任何数据的含义来自其与其他数据的连接，任何数据集的含义来自其连接转换为其他数据。

分布式数据与机器学习模型需要无缝整合各种异构数据，因此现代数据管理的理念和方法都致力于创造一种将数据作为一种有价值的资源进行共享和管理的环境，在这种环境下，数据作为共享资源比作为孤岛资源更具价值。

随着机器学习等数据处理技术的发展和人机协同理解数据的要求，先后出现了以下数据管理领域代表性的趋势和方法：

(1) 数据编织：数据编织是数据管理新体系架构的一个设计概念，强调灵活性、可扩展性、可访问性和大规模连接数据。

(2) 数据网格：数据网格是一种将数据管理表达为自描述的数据产品的分布式网络体系架构，其中数据与企业中的任何其他产品一样受到重视。

(3) 数据为中心的AI(data-centric AI)：以数据为中心的AI看待企业数据架构的一个根本变化是强调持久数据在企业人工智能中的作用，业务应用程序不断更新，但业务数据无限期地保留其价值。

(4) FAIR数据(FAIR data)：数据是可查找(find)、可访问(access)、可互操作(interoperable)、可重复(repeatable)使用的数据。FAIR不仅仅局限于企业，

它还概述了跨企业范围的数据共享实践,鼓励形成互操作的数据环境。

以上这些数据管理的范式变革都不指定特定的技术解决方案,但实现每项方法目标的最佳方式都是适当使用知识图谱和人工智能技术。每个人的大脑里有几百亿神经元连接在一起,以非常快的速度处理和传递信息,现在人们还无法解释大脑里这些信息是如何传递的,只是猜测是以一种虚拟的方式来连接。

我们可以望文生义地去理解数据编织这个定义,把数据编织想象成一张虚拟的智能数据网络,网络上的每个节点就是一个物理世界中的实体(IT系统或者数据源),这张网络并不能简单理解为一种点对点的连接,而是一种虚拟的连接,可以使数据在网上迅速流动并统一对外提供服务。

数据是数字化转型不可或缺的元素,随着数字化转型的持续推进,数据源及数据量不断增加,数据和应用孤岛的数量在过去几年中激增。业务数据格式由原来的结构化数据为主,逐步转变为由混合、多样和不断变化的数据主导(结构化、半结构化、非结构化等),业务对于实时或事件驱动的数据共享等需求不断增长。企业上云成为大趋势,混合数据环境下企业该如何跨平台、跨环境,以实时的速度收集、访问、管理、共享数据,从不断变化、高度关联却又四处分散的数据中获得可执行洞见面临巨大的挑战。企业数据的管理和运营投入度不够,缺少体系化的数据领域建设,从而产生了大量的暗数据。面对上述数据管理难题,必须使用一种新型的数据架构来应对企业数据资产日益加剧的多样化、分布式、规模、复杂性等问题。

数据编织作为一种充分利用人工智能技术的新兴数据管理和处理方法在这样的背景下诞生了。作为支持数字化转型的新驱动力,在数据和知识驱动的人工智能时代,数据编织被誉为数据管理向支持通用人工智能(artificial general intelligence,AGI)的人机兼容理解数据迈出的最重要一步,以及对人工智能、机器学习、数据科学和商业智能的现有项目进行超级创新的基础设施。

随着数据利用率的提高,“数据孤岛”必须逐渐被打破,为数据和知识互联互通让路。数据编织的实现是这一过程中的一个重大飞跃——事实上,这是自20世纪70年代关系数据库发明以来最具革命性的突破之一。这是因为数据编织不仅仅是一项技术或产品，它指的是架构设计、结构化流程和思维模式的转变，其中知识、数据和业务操作紧密交织在一起。

数据编织本质上是一个统一的架构，它能够提供一个数据管理框架，使用户能够轻松访问和共享不同数据。ETL、数据仓库、主数据管理、数据虚拟化、数据目录、治理和安全等大量不同的工具都可能用于提升企业的数据编织能力。

总的来说，数据编织是一种跨平台的数据整合方式，它不仅可以集成所有业务用户的信息，还具有灵活且弹性的特点，使得人们可以随时随地使用任何数据，Gartner 称，数据编织预计可缩短 30%的集成设计时间、30%的部署时间和 70%的维护时间。

1. 与传统数据集成对比

数据集成是融合异构存储集合的数据并构造统一数据视图的过程，包括数据合并、数据转换、数据清洗等，其专注于复制、移动数据，如 ETL 加工、数据同步等。而数据编织是一种架构思想，跟传统数据集成本来是无法直接比较的，但由于数据虚拟化是实现数据编织架构中的关键技术之一，因此可以比较下数据虚拟化和传统数据集成的区别。数据虚拟化可以在不移动数据的情况下从源头访问数据，通过更快、更准确的查询帮助缩短实现业务价值的时间，具体包括跨平台敏捷集成、统一语义、低代码创建数据 API（支持 SQL、REST、OData 和 GraphQL 等技术）、智能缓存加速等功能，数据虚拟化与传统数据集成还是有本质区别的，假如没有虚拟化能力，数据是很难编织起来的，当然，数据编织远远超越了数据虚拟化的范畴。

2. 与数据仓库（data warehouse）和数据湖（data lake）对比

很多企业机构通过建立数据湖汇总企业机构内外部的所有数据，但这种收集数据的形式仅限于数据的存储，容易产生“暗数据”，并且不利于实时处理跨越不同存储介质的数据。而数据编织的设计模式是帮助企业机构从传统的收集数据形式渐渐转换成连接数据，即数据不移动位置，而以连接形式继续使用数据。

数据仓库模式基于当前企业任务规则和数据模型。当这些规则或模型发生变化，或者操作用例发生变化，或者数据发生变化时，数据仓库需要进行扩展性的更改，包括重新构建和重新加载。传统架构的数据仓库有以下三方面不足：

（1）重大前期成本：由于传统数据仓库提供了结构化数据的企业视图，以根据运营需要回答一组特定的用例，因此必须将多个系统中的数据集成到单个存储库中，这将导致巨大的前期成本，包括第一个成本，将数据从系统复制、清理和增强到数据仓库的过程，称为提取、转换、负载（ETL）或其变体，开发成本很高；第二个成本，“翻江倒海”的企业方法需要来自企业的重要协作跨不同业务职能部门的事务专家（SME）。

（2）随着时间的推移，总拥有成本不断增加：ETL 流程通常以供应商专有格式定义，由于供应商锁定，维护成本增加。此外，静态数据仓库模式基于当前企业任务规则和数据模型。当这些规则或模型更改，或者操作用例更改，或者数据更改时，仓库需要进行广泛的更改，包括重新构建和重新加载。

（3）缺少数据发现：数据仓库可以处理的用例仅限于模型和业务规则已经集成到模型中。默认情况下，仅集成符合模型的数据，因此，仓库只处理模型支持的用例。如果有什么事模型未知，分析人员无法使用数据仓库进行发现。

3. 与数据中台对比

数据中台是一个管理与使用数据的方法论与综合体系，不仅包含基础且核心的数据管理和使用的相关技术组件，还包括与之相适应的企业组织机构、管理制度和业务流程、运营机制和考核办法等，只有企业机构中上述各方面相互匹配，数据中台方可顺利运转。而数据编织更强调机器学习、人工智能、知识图谱等新技术的应用，重点在于新技术的应用逻辑与应用场景，即相较数据中台而言，数据编织的技术色彩更浓一些，而且数据编织具有极高的灵活性，这是数据中台完全不可比拟的。数据中台与数据编织并不是一个概念，数据编织也不是数据中台的高级版本。

首先，数据中台是由一些技术组件组合而形成的一个综合性的数据应用解决方案，例如，基于数据湖的数据存储服务、基于各种数据管理组件的数据治理服务、基于大数据平台的数据计算和处理服务，以及提供面向应用的数据标签、数据目录、数据分析、模型算法服务等，数据中台更多的强调以应用为中心的数据管理。而数据编织更强调以数据和知识为中心的人机协同数据管理，侧重于统一多样化和分布式数据资产的功能，为应对复杂的混合数据环境所面临的挑战而设计，是一种架构设计方式，强调自动化的数据集成、知识融合和治理。

其次，数据中台是一个"让数据用起来"的方法论，不仅包含数据管理和使用的相关技术组件，还包括与之相适应的企业组织机构、管理制度和流程、运营机制和考核办法等。而数据编织一开始就强调新技术的应用，例如，机器学习、人工智能、知识图谱等，且构建和管理知识图谱是其核心，支持从数据源级别到分析、洞察力生成、编排和应用程序的集成数据层（结构），数据编织的技术色彩更浓一些。

最后，数据中台需要有专业的管理和运营团队才能发挥作用，这个团队往往是由 IT 部门承担。而数据编织强调更少的 IT 干预，数据编织的重要特征依赖于一组预建和预配置的组件，从原始数据到经过处理和可操作的信息，这些信息或系统通常托管在云端，由经验丰富的服务提供商管理。这意味着，数据编织的实施和维护数据中不需要太多的 IT 部门参与。

为了解释数据编织如何补充和改进运营工作负载的大数据存储，下面针对数据表示存储方式的对比，通过规模、容量和可操作性总结了每种数据表示存储的优缺点。

（1）数据仓库

① 跨结构化和非结构化数据的复杂数据查询支持；

② 未针对单实体查询进行优化，导致响应时间变慢；

③ 不支持实时数据，因此持续更新数据要么不可靠，要么以不可接受的响应时间交付。

（2）关系型数据库

① SQL 支持、广泛采用和易用性；

② 非线性可扩展性，需要昂贵的硬件（数百个节点）才能对 TB 级数据近乎实时地执行复杂查询；

③ 高并发,导致响应时间问题。

(3) NoSQL data base

① 分布式数据存储架构,支持线性扩展;

② 不支持 SQL,需要专业技能;

③ 为了支持数据查询,需要预定义索引,或者需要内置复杂的应用逻辑,阻碍了上市时间和敏捷性。

(4) 数据编织

① 分布式数据存储架构,支持线性扩展;

② 高并发支持,为运营工作负载提供实时性能;

③ 对单个业务实体的复杂查询支持;

④ 支持所有集成方法,用于分析工作负载的大规模数据准备和流水线传输到数据湖和仓库;

⑤ 动态数据治理。

虽然数据编织是针对大规模运营工作负载的卓越解决方案,但它也是用于离线分析工作负载的数据湖和数据库的互惠技术。对于此类工作负载,数据编织可以将新的、受信任的数据输送到数据湖中,用于离线分析,从中获得业务洞察力,以嵌入实时运营用例中。

数据编织和数据网格之间有什么区别?区分数据编织和数据网格的最简单方法是:数据编织架构以集成和连接支持数据管理的技术为中心,而数据网格架构侧重于数据管理背后的人员和程序。这两种方法都通过连接分布式环境中的各种系统和技术来简化数据管理。但是,可以说,如果域所有者要支持无缝、分散的数据访问,数据编织架构通过提供所需的灵活性、敏捷性和连接性来有效地支持数据网格。

为什么数据湖默认不是数据编织?数据编织是一个相对较新的概念,数据湖是在十多年前构思的。这两个概念是根本不同的。数据湖可以被描述为一个集中式存储设施,组织和保护来自各种来源的数据。相反,数据编织通过分布式架构连接数据湖和其他数据源。

数据虚拟化(data virtualization)如何使企业能够实施简单、实用的数据编织架构,最终,可以使用数据虚拟化创建数据编织架构。通过使用户能够创建统一且简单的虚拟数据模型，数据虚拟化为域提供了一种快速载入各种数据产品的方法。它允许摆脱特定的技术要求，如结构分类，而从简化的组合视图中工作。数据虚拟化使数据更易于理解和统一。由于去中心化数据系统的责任在于各个域名所有者，因此这种简化的表层在实施阶段非常有用。

数据编织与数据仓库是两种有重要差异的数据集成方法：

(1) 数据的位置。值得重申的是，在数据虚拟化/数据编织中，数据会保留在原处，而在数据仓库中，数据会被迁移。迁移等于时间、规划和费用。

(2) 速度。数据虚拟化/数据编织可加快业务和IT团队的速度，因为跳过了数据迁移步骤。

(3) 敏捷：数据编织架构提供了一种跨企业孤岛连接数据的新方法。这里的一个关键区别是数据编织涵盖事务系统和分析系统。事务数据是指动态数据，这种数据会不断变化以支持CRM等应用程序。分析数据是指历史数据，是不可变的，或者是不变的。数据仓库仅支持分析数据。

虽然数据编织代表着未来的技术趋势，但现阶段由于国内数据编织还处在早期阶段，还需要在云服务、数据整合、数据治理等环节打好基础，如元数据管理，数据编织的核心是基于元数据的驱动，只有将元数据进行统一规范化，才会在万变的数据汪洋中找到源头，归于统一，此外，还有面向业务的语义分析、智能技术赋能等。

第 2 章

数据编织的设计原则

2.1 数据编织的概念定义

在本书中，我们将数据编织的概念定义如下：数据编织是一种以解决数据孤岛为目标的新型数据管理基础设施，以可编程的图数据模型和语义增强知识图谱为核心基础的现代数据管理架构，兼容 W3C 语义互联互通标准，涵盖企业中的所有类型数据，能够利用最前沿的人工智能生成式技术，以所需的任何粒度级别对数据进行统一语义建模、集成和重构。

数据编织是一种数据架构思想而非一个单一特定的工具，通过提供一种统一的方法来管理异构数据工具链，使其能够将可信数据从所有相关数据源以灵活的、业务可理解的方式交付给所有相关数据消费者，从而提供比传统数据管理更多的价值。数据编织作为一种设计理念，利用人工智能、机器学习和数据科学的技术能力，访问数据或支持数据动态整合，以发现可用数据之间独特的、与业务相关的关系。换句话说，现在的数据管理连接的架构设计还主要是“人找数据”，而数据编织设计核心是“数据找人”，在合适的时间、将合适的数据推送给需要的人。

数据编织架构设计理念是实现数据管理和集成现代化的关键，以实现机器支持的数据集成。怎么实现“数据找人而不是人找数据”的梦想？“数据编织”悄然登场。2018年，“data fabric”首次出现在高德纳公司(Gartner)的十大数据与分析技术趋势中，以后每年均出现在其中，并预测到2024年，25%的数据管理供应商将为数据编织提供完整的框架。从2018年开始，数据编织一词已成为现代数据集成和管理的代名词。在数据编织出现之前，数据架构的设计主要部署成静态基础设施，而在未来将需要采用更动态的数据网络方法全面重新设计。

Gartner将数据编织定义为一种设计理念，它充当数据和连接过程的集成层(编织)(图2.1)。数据编织利用对现有、可发现和推断的元数据资产的持续分析，支持跨所有环境(包括混合云和多云平台)设计、部署及利用集成和可重用数据。

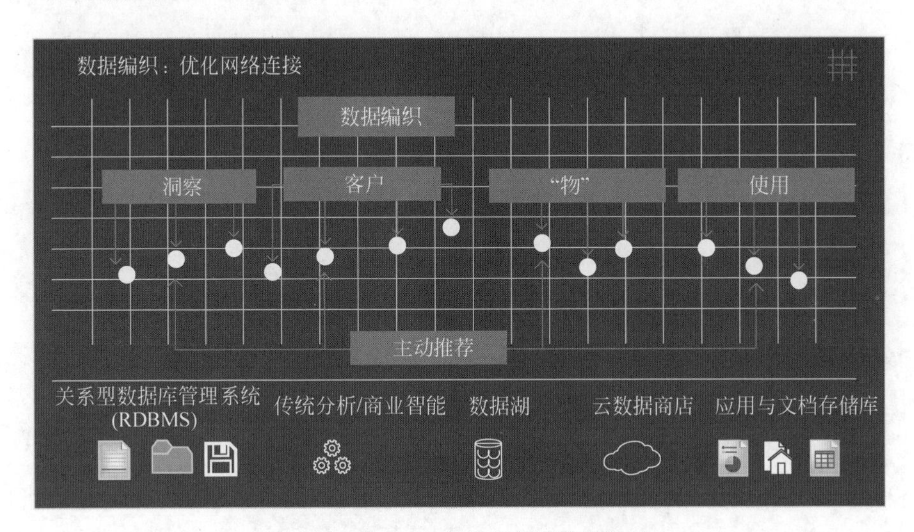

图2.1　Gartner定义的全面数据编织

Gartner将数据编织定义为包含数据和连接的集成层，通过对现有的、可发现和推断的元数据资产进行持续分析，来支持数据系统跨平台的设计、部署和使用，从而实现灵活的数据交付。

Gartner认为数据编织是一种跨平台的数据整合方式，它不仅可以集成所有业务用户的信息，还具有灵活且弹性的特点，使得人们可以随时随地使用任何数据，Gartner称，数据编织预计可缩短30%的集成设计时间、30%的部署时间和70%的维护时间。

Forrester将数据编织定义为:“数据编织是一种数据管理架构,它以自助服务和自动化的方式智能、安全地编排不同的数据源,利用数据湖、Hadoop、Spark、数据仓库和NoSQL等数据平台,为整个企业提供统一、可信和全面的客户和业务数据实时视图。”

Forrester称:“大数据编织专注于自动化大数据源的接收、管理和集成过程,以实现对业务成功至关重要的分析和见解。它通过自动化流程、工作流程和管道、自动生成代码及精简数据以简化部署,将复杂性降至最低。”并将这类解决方案称为“大数据编织”(big data fabric)。大数据编织的最佳之处在于它能够利用动态集成、分布式和多云架构、图形引擎、分布式和持久内存等方面的能力来快速交付应用,其专注于自动化流程集成、转换、准备、管理、安全、治理和编排,以快速启用分析和洞察力,实现业务成功。其能力架构如图2.2所示。

图2.2 Forrester企业数据编织参考架构

数据编织作为一种管理和集成数据的新技术,旨在打破前几代数据管理技术如数据仓库和数据湖等的能力限制,以释放数据的价值。由于数据编织基于图数据模型,所以数据编织能够吸收、集成和保持任何格式的大量数据的时效性。通过使用语义标准的知识组织原则,数据集成甚至更强大,不仅可以应用于数据的全局检索和查询，而且可直接提供给机器学习算法，同时也直接与人工智能大语言模型无缝整合。

可以把数据编织想象成一张虚拟的网，这张网并不能理解为一种点对点连接，而是一种虚拟连接，每个节点都可以是不同的数据系统，不同系统上的数据在网上都可以迅速被定位和找到。有了数据编织这样一个广泛而深入的数据模型，就有可能全面集成数据，并将其呈现给分析、人工智能和机器学习系统使用，使这些依靠丰富、高质量数据发展起来的技术变得更加强大。而这些都是传统方法无法应对的，特别是将数据从 IT 技术人员的手中完全释放了出来。当业务人员开始利用数据编织探索数据时，对 IT 技术人员的好奇心征收的隐形数据集成税将大大降低，更多的人可以挖掘可用数据并发掘出更强大的价值。

由于数据复制的次数和数量较少，从而减少了数据集成的工作，方便维护数据质量和标准，也减少了硬件架构和存储的开销。由于减少了数据复制和大大优化了数据流程，加快并简化了数据处理过程，从而通过实施自动化的整体数据策略，减少了数据访问管理的工作。此外，数据编织将充分利用云的灵活性，或根据应用程序的需求运行本地基础设施。

通过使用图数据模型实现数据编织，大数据编织的愿景变得更加强大，该模型广泛使用语义标准来描述数据，并实现基于数据含义的集成。这样的数据被以透明的方式映射到商业语言，最终使用户更容易理解。

数据编织正在解决一些最具挑战性的数据管理、集成和分析问题，例如，理解大量的药物临床试验数据、业务分析报告数据、生产制造数据和物联网(IoT)传感器的数据等。

在本书后续的章节中，我们努力通过回答以下两类问题，来对数据编织进行描述，以便一个企业的决策者能够确定数据编织是否符合企业的要求：

(1) 数据编织如何创造上述描述的价值？

(2) 如何实现数据编织？

2.2 数据编织的设计原则

数据编织的目标是通过提供一个数据集成层面来连接数据和连接过程，使数据在任何需要的地方都可用，并提供跨平台、灵活、弹性的数据源集成，因此，数据编织的设计原则需要支持不同类型的数据、数据量、计算资源接近性、数据检索和存储解决方案，以便实现现代化数据管理与集成的目标。

数据编织的设计原则包括数据多样性、数据量、计算资源接近性、数据检索和存储解决方案。数据编织架构需要支持不同类型的数据，包括位、字节、字符、数字、小数、日期、时间、文件和文件格式、媒体、流等。数据编织需要考虑数据量和数据访问频率，并根据这些因素来选择数据存储。计算资源接近性是指将计算资源与数据更接近，这种方法可以固定数据密集型计算操作。数据检索需要通过安全的 API 从数据访问层进行，而存储解决方案需要根据功能性和非功能性需求进行全面评估。

数据编织利用人和机器的能力（更多的是为了利用机器的快速处理能力）来访问数据或在适当的情况下支持其整合。它不断地识别和连接来自不同应用程序的数据，以发现可用数据点之间独特的、与业务相关的关系。该洞察支持重新设计的决策制定，通过快速访问和理解提供比传统数据管理实践更多的价值。

基于以上现代数据管理目标，数据编织架构体系的设计需要遵循以下原则：

（1）作为一种用作数据和连接过程的集成（编织）的设计理念，不受任何单一平台或工具限制的约束，提供了跨应用程序的企业范围的数据覆盖。

（2）遵循元数据驱动的方法。与传统方法相比，活跃元数据发现和语义推理是数据编织的新的关键点。

（3）设计是可组合的，由各种可以组合和组装的部件组成。

（4）设计需要了解自己的成熟度及各种组件的成熟度，首先利用被动元数据，转向知识图谱，引入活跃元数据，然后规划编排服务。

(5) 支持非结构化数据,包括物联网数据。企业正在迅速将其边界扩展到本地服务器和固定工作站之外。从自带设备、Wi-Fi 到现场加固型手持设备和物联网(IoT),联网设备的范围正在不断扩大。数据编织连接所有这些端点,处理通过传感器收集的结构化和非结构化数据,并以最低的后端复杂性提供洞察力。

(6) 设计需要考虑大规模处理信息。数据量不断增长,能够有效移动数据的企业将获得竞争优势,数据驱动的洞察力和决策可以推动新的商机、改善客户体验并实现更高效的工作方式,使自动摄取和利用原本闲置的数据成为可能。

(7) 与混合托管环境兼容,数据编织的关键特征之一是它与环境、平台和工具无关。它可以实现与技术堆栈中几乎每个组件的双向集成,以创建类似编织的网络架构。这非常适合多云或混合云企业,其中数据计划需要在所有相关云中统一并一致地运行。该解决方案从分布在环境中的多个来源摄取数据,以创建一个整合的"编织"以生成洞察力。

(8) 以更快的速度产生洞察力,甚至可以轻松处理最复杂的数据集,从而加快洞察力。数据编织有预先构建的分析模型和认知算法来大规模和快速地处理数据。

(9) 与传统仓储模型相比,数据编织需要更少的 IT 干预。数据编织依赖于一组预构建和预配置的组件来从原始数据经过自动化处理获得可操作的信息。这些系统通常托管在云上,并由经验丰富的服务提供商管理。这意味着在实施和维护数据生产计划时不需要 IT 参与。

(10) 技术用户和非技术用户都能使用数据编织。数据编织的体系结构使其适用于广泛的用户界面。可以构建能被业务主管快速理解和利用的时尚仪表板。数据编织还带有复杂的工具,可以让数据科学家深入挖掘和深入数据探索。它适用于各种数据素养水平。

实施数据编织的主要目的是巩固数据治理和数据安全,无论它位于企业的哪个位置。还可以将数据编织解决方案与新的数据源、分析模型、用户界面和自动化脚本集成以改进数据使用。数据编织技术的最新进展意味着甚至可以使用新型模型处理元数据,以与业务用户相关,而不仅仅是被动资产。其架构允许企业通过扩展添加新功能、叠加安全覆盖及执行其他关键功能，而无需缩减核心数据库。

2.3 数据编织的能力要求

数据编织作为一种企业范围的数据管理方法，利用一系列智能软件和数据管理最佳实践，通过使用元数据驱动机器学习和自动化工具，使数据集易于查找、集成和管理，从而将整个企业的不同数据编织在一起，进行部署和查询。例如，当新数据集合并到数据编织中时，软件工具从数据集本身和生成该数据集的源系统的组合中提取有关该新数据集的元数据，以便可以在集中式元数据中对其进行编目存储并最终与其他相关数据集集成。机器学习工具有助于执行此集成过程，其中包括执行数据清理和转换活动，以及就此新数据集的潜在用途和潜在下游用户提出建议，并实施与此新数据集相关的所需数据治理标准(如设置访问控制)，数据编织还包括各种数据编排和数据分析功能的自动化。

数据编织首先以被动观察者的身份监控数据管道，并开始提出更有成效的替代方案。当数据的"驱动程序"和机器学习都对重复的场景感到满意时，它们会通过自动化即时任务(传统人工需要耗费太多时间)来相互补充，同时让业务人员可以自由地专注于创新。数据编织是一种改变人类和机器工作负载重点的设计理念，实现数据编织设计需要新的和即将到来的技术，例如，语义增强知识图谱、活跃元数据管理和嵌入式机器学习(ML)、大语言模型等。数据编织设计通过自动执行重复性任务(如分析数据集、发现模式并将其与新数据源对齐)及最先进的修复失败的数据集成作业来优化数据管理。理想的、完整的数据编织架构体系设计包含许多组件和能力：

(1) 设计良好的数据编织架构是模块化的，支持大规模、分布式多云、内部部署和混合部署；

(2) 当数据从源头提供给消费者时，它被编目、丰富以提供洞察和建议、准备、交付、编排和设计；

(3) 数据源的范围从孤立的传统遗留系统到最现代的云环境；

(4) 数据编织的数据消费者包括数据科学家和数据分析师(与数据湖合作)、营销分析师(参与客户细分)、销售、营销和数据隐私专家(关注客户细分)、云架构师等。

随着数据利用率的提高,“数据孤岛”必须逐渐被打破,为互联企业让路。数据编织的实现是这一过程中的一个重大飞跃——事实上,这是自20世纪70年代关系数据库发明以来最具革命性的突破之一。这是因为数据编织不仅仅是一项技术或产品,它指的是架构设计、结构化流程和思维模式的转变,这是在数据管理的历史上第一次将数据、知识和业务操作紧密编织在一起。

数据编织本质上是一个统一的架构,它能够提供一个管理框架,使用户能够轻松访问和共享不同数据。ETL/数据仓库、主数据管理、数据虚拟化、数据目录、治理和安全等大量不同的工具都可能用于提升企业的数据编织能力。

Gartner定义了数据编织的六类核心能力,见图2.3和表2.1。

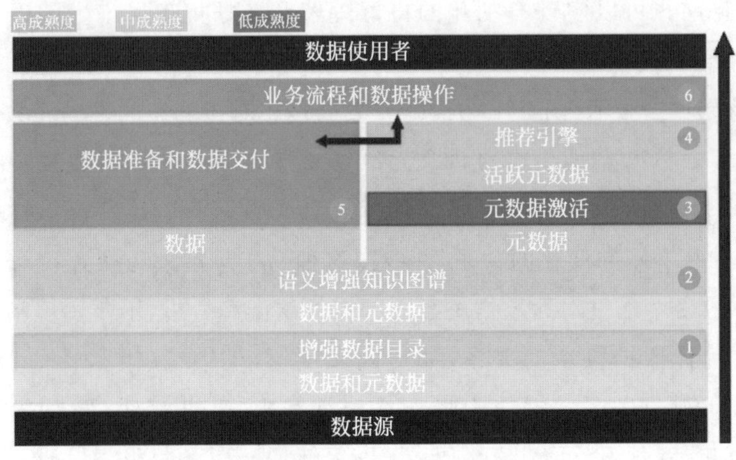

图2.3　Gartner定义的数据编织的核心能力(来源：Gartner)

表2.1　数据编织能力组件处理的数据类型

序号	能 力 组 件	处理数据类型
1	增强数据目录	数据和元数据
2	语义增强知识图谱	数据和元数据

续表

序号	能力组件	处理数据类型
3	元数据激活	活跃元数据
4	推荐引擎	元数据
5	数据准备和数据交付	数据
6	业务流程和数据操作	数据和元数据

(1) 增强数据目录：数据目录是整个架构的基础，其通过元数据对数据资产进行组织和管理。在数据目录上，使用AI/ML自动化收集和分析所有形式的元数据及数据上下文，包括技术元数据（如数据类型、数据模型等）、业务元数据（如业务标记、业务策略、业务关系等）、操作元数据（如数据操作、数据血缘、数据性能等）、社会元数据（如实体关系、UGC、评价等）等，为形成语义增强知识图谱及活跃元数据做数据内容上的准备。

(2) 语义增强知识图谱（图2.4）：创建和管理知识图谱，并使用AI/ML算法进行实体连接及连接关系的量化，以识别或者添加丰富数据间的关系（包括多个数据孤岛间的数据关系、数据上下文及语义相关性）用于数据洞察分析，同时也可以实现自动化的机器理解和数据推理。产生的语义化数据也可用于机器学习的模型训练，提升预测的精准度。

(3) 元数据激活（图2.4）：活跃元数据是相对于静态的被动元数据而言的。通过AI/ML辅助生成的活跃元数据支持自动化数据集成和数据交付的基础能力，活跃元数据的形成依赖于现有元数据并连接所有形式的元数据，形成独特并不断变化的关系，并以图这种易于理解的方式连接和呈现元数据间的关系；通过对元数据关系图的持续访问和分析，不断发现和形成关键指标、统计数据等新的关系，如访问频次、数据血缘、数据性能、数据质量等；将元数据关系数据作为特征去训练和丰富AI算法，同时这些算法可以产生或者迭代元数据的语义，以及改进数据集成的设计、自动化流程。

(4) 推荐引擎：推荐引擎与业务相关，将基于专家经验形成的规则或者机器模型学习的结果，以及结合活跃元数据，用在数据质量监控及优化改进数据的准备过程（如集成流程或者引擎优化），如元数据推荐、流程推荐、资产推荐、建议推荐、执行计划推荐、计算引擎推荐等。

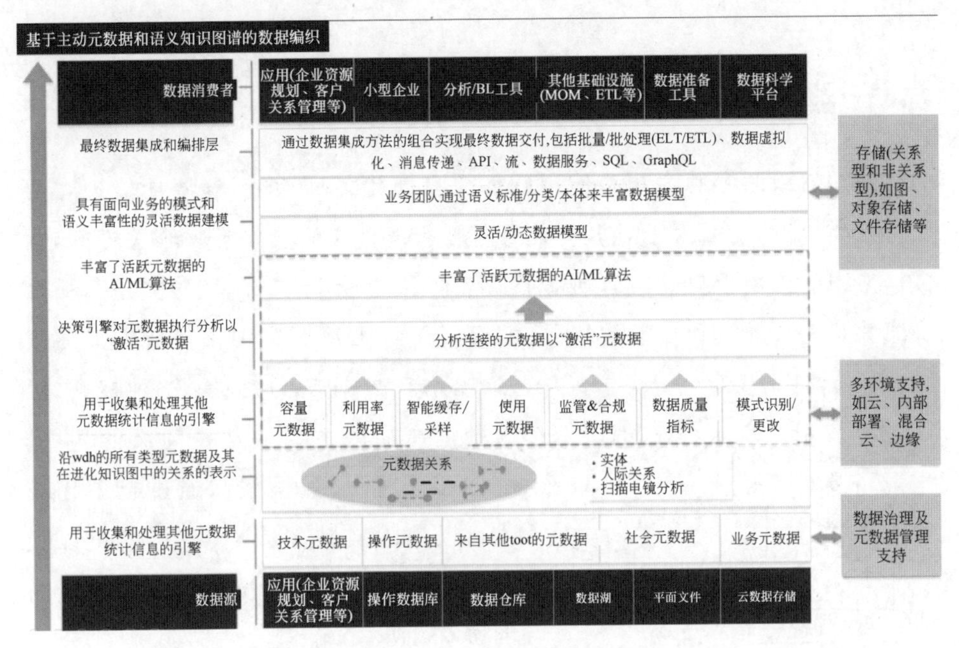

图 2.4 活跃元数据和语义增强知识图谱(来源:Gartner)

(5) 数据准备和数据交付:数据编织的数据准备和数据交付是在数据管道中进行数据的转化和集成。数据集成对于数据编织至关重要,通过批处理、数据复制、数据同步、流数据集成及数据虚拟化(在数据查询时完成数据转化)等方式进行跨源、跨环境(如多云、混合云、供应商)的数据集成,将数据准备折叠到数据交付层(将准备好的数据进行交付)。

(6) 业务流程和数据操作:也就是数据编排和数据研发运营一体化(DataOps)。数据编排是用于驱动数据准备工作流的流程,用来集成、转换和交付各种数据和分析用例的数据。数据研发运营一体化是将类似于开发运营一体化(DevOps)的持续集成、持续部署的原则应用于数据集成管道,更加敏捷和严格地进行数据交付。基于 AI 的自动化数据编排是数据编织架构设计及落地的关键,通过组合和重用集成组件,快速支持当下及未来需求。存储和计算分离是未来数据管理的趋势,数据编织通过自动化来管理和编排跨企业、跨平台的数据管道,包括数据流协调、维护、操作、性能优化、集成负载调度等,大幅提高数据管理团队的工作效率。

2.4 数据编织的实现思路

数据编织的中心主题是使用软件来自动化各种功能，这些功能现在要么由人类执行，要么由于过多的人力而被忽视。这就引出了一个关键问题：数据编织能否用于自动创建数据产品？如果这个问题的答案是“是”，那么价值就是巨大的。到目前为止，我们已经解释了数据集中化与数据孤岛权衡的缺点、数据产品绕过了这种权衡，以及数据产品的主要缺点是涉及的人力。如图2.5所示，数据编织通过自动化技术可以消除或减少人力，我们就可以在不花费主要成本的情况下获得数据产品的所有好处。

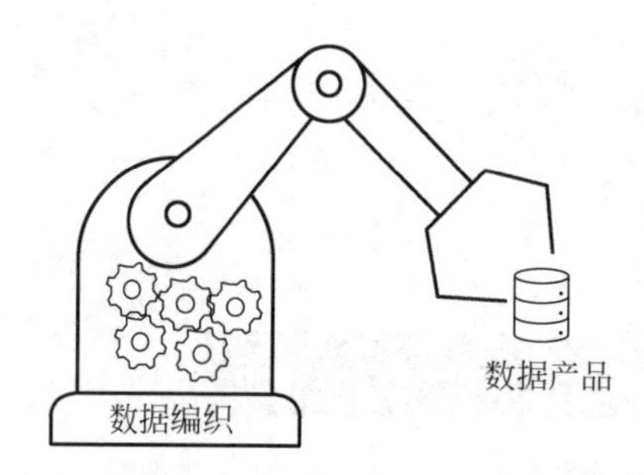

图2.5　数据编织与数据产品

数据编织是否可以减少人力负担的答案是“是”，除了某些必须需要人工操作的数据产品功能，例如，拨打电话以获得人工帮助处理数据集的号码。坏消息是好消息并不像最初看起来那么好。例如，给定企业可以访问的新源数据集，数据编织当然可以将其打包并将其转化为数据产品。它可以对这个新数据集进行一些基本的数据清理和转换；可以提取一些重要的元数据并将其插入企业范围的数据目录和知识图谱中；可以将数据集部署到数据仓库或数据湖和查询系统等企业分析工具中，并向下游应用程序提出建议；甚至可以提供有关该数据集的一些基本文档及基于其提取的元数据的推荐用途；可以自动化许多数据治理功能，并随着需求的变化而不断发展这些功能。

所有这些自动化工作的结果是有效的数据产品吗？是的，一点没错！但下游应用程序真的会从该数据产品的存在中受益吗？答案是“只是有时”。

为了理解为什么会出现这种情况，我们必须记住，数据产品应该与人们从商店购买的常规有形产品的概念相似。今天购买的产品中有多少是在很少或没有人工参与的情况下开发的？那个新烤面包机？洗衣机？书？太阳镜？可能很少。开发有价值的产品的过程从根本上来说是一个创造性的过程。它涉及结合智慧及对人们想要什么和需要什么的深刻理解，创造出客户可以从中受益的新颖产品。机器和机器学习非常擅长发现模式并根据这些模式提出建议或预测。然而，它们的创造力却很差。例如，机器可以做非常先进的活动——包括驾驶汽车——如果这些活动涉及根据过去的直接经验和可以学习的模式采取行动。但如果你把自动驾驶汽车置于一个完全不可预见的环境中，需要创造力和独创性才能正确导航，它就行不通了。

机器是否能够写出一本人们想要阅读的《哈利·波特》这样的书，这仍然是一个备受争议的领域。但可以肯定的是，今天还远没有达到这种创造力。由于大多数有价值的数据产品在其生产过程中都需要大量的创造力，因此数据编织仍然无法自动创建它们。可喜的是，人工智能大语言生成模型的出现，为这类产品的创造提供了可行性。

尽管如此，在商店购买的许多产品几乎不需要人工参与。例如，一旦手机壳的基本设计完成，根据新手机的尺寸和规格为特定的新手机创建新的手机壳产品几乎完全是自动化的。或者，一旦运动队引入新徽标，创建包含该徽标的新 T 恤产品的过程也几乎完全自动化。我们今天购买的许多简单产品在其生产过程中几乎不需要人工参与。

同样，有大量的数据产品可以自动创建并且仍然具有价值。对于"源对齐数据产品"来说尤其如此，这些数据产品只是简单地打包源数据集，而不执行任何清理、转换或集成活动，并将其提供给企业的其他部分。在许多情况下，基于这种与源对齐的数据产品创建派生数据产品的过程最好留给人类团队，尤其是使用数据网格实践的领域专家的人类团队。尽管如此，为了开始创建派生数据产品，首先必须存在源对齐的数据产品。通过加速创建这些初始数据产品的过程，数据编织提供了一个快速构建的基础，可以生成更多符合特定用例的消费者数据产品，从而做出了积极的贡献。

此外，即使人类团队需要参与创建数据产品，数据编织也可以让他们的生活更轻松并减轻他们的负担。虽然人类团队需要做出重要的决策，例如，如何清理脏数据、选择要组合的数据集、创建哪些外部引用等，但数据编织可以加速将产品纳入企业的过程，如查询数据目录、寻找数据产品的客户及部署数据集以进行临时分析和自助访问。

所以底线是，数据编织可以在某种程度上自动化数据产品的创建。但是，除了最简单的数据产品之外，让数据编织自行执行此操作并不是最佳实践。自动生成的数据产品类似于我们在网上找到的描述体育比赛结果或华尔街收益发布的自动生成文章——我们很高兴能够访问其中包含的基本数据，但它们并不能替代大量人类数据可以为这个过程添加的价值。

当谈到数据产品的创建时，数据编织和数据网格实际上是相当互补的：数据编织在创建需要较少人工参与的源对齐数据产品方面发挥着更主导的作用，而数据网格在创建"消费者"方面发挥着更主导的作用。

实现数据编织架构的另一个基本思路是从图数据模型中创建一个数据编织的语义增强知识图谱作为基础，这些图数据模型使用 W3C 语义标准，从而使数据集成和分布共享变得更加强大。数据编织将图技术的力量与语义标准相结合，以捕获和表示各种复杂的数据，语义标准使我们能够理解数据的含义，也可以捕获数据并将其交付到需要的地方。以一家公司的一个数据来源为例，如一个销售管理系统应用程序的关系数据库中的一组表，如图 2.6 所示。

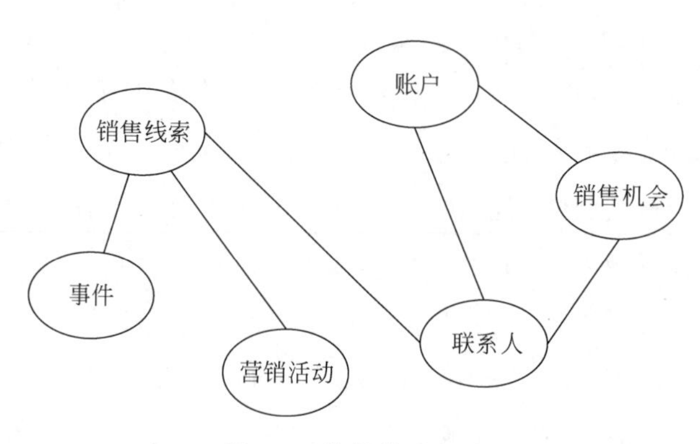

图 2.6　数据关系表示

所有与销售和营销相关的数据可能涉及多个数据来源，每个数据来源都可以用图 2.7 表示。

可以通过添加新的图层来合并这些图，并使其具有意义，这些图层将来自几个不同图的信息聚集在一起，如图 2.8 所示。

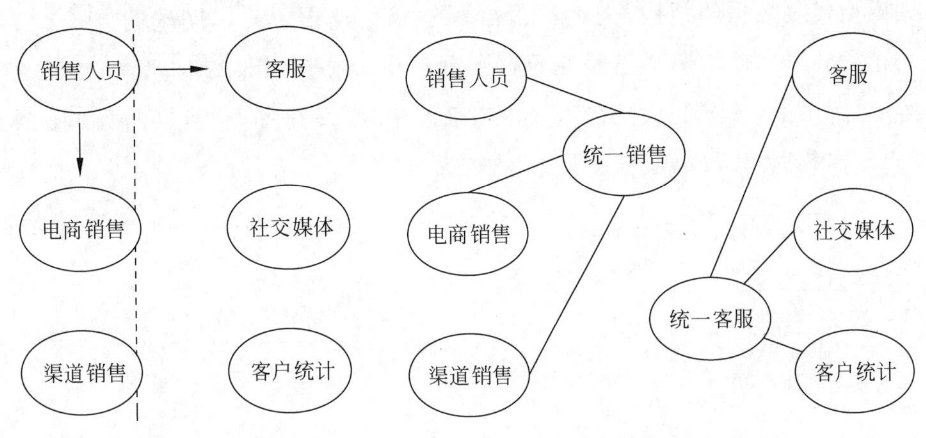

图 2.7 数据关系的图表示

图 2.8 数据关系的图整合

可以重复此过程，将所有数据引入数据编织，以便以分析系统和应用程序所需的形式进行连接、查询、分析和交付。根据数据的状态和期望的最终结果，整合和集成数据所需的努力可能微不足道，也可能需要更大的努力。有时数据不需要合并。其他时候，许多来源被组合在一起，以创建一个新的、完整的全局数据视图。

然后，可以在任何需要的范围内分析得到编织数据，从细节级别到合并信息及其任何组合。这个过程之所以有效，是因为通过语义增强的图足够强大，可以捕捉和表示数据的复杂性。语义标准为提取数据、执行查询、运行算法和创建高级分析提供了路线图。

语义标准的采用使图形 ETL(抽取、转换和加载)或 ELT(抽取、加载和转换)能够得到统一规范定义和维护，而不会变得异常复杂，从而可以用新的和更新的数据刷新编织数据。图谱数据结构具有灵活性、易于理解和快速查询的特点。但是，使数据可用并不仅仅意味着将其放入特定的编织中。为了使所有数据都可用，需要一个层来指定数据的含义及其与其他数据的关系。

这种捕获数据含义的能力被称为语义。在描述的传统建模方法中，语义实际上是在使用数据的程序员或分析师的头脑中。

无论何时编写查询，这都是最聪明的程序员或分析师所能做到的。数据模型代表数据的结构，这代表了语义的一部分，但不是以明确的方式。以非正式的方式使用语义已经在数据管理历史中存在很长的时间。如图2.9所示，历史上，数据的意义在程序员的脑海中，语义在哪里(数据的意思是什么)？在数据本身(以及程序员的头脑)。

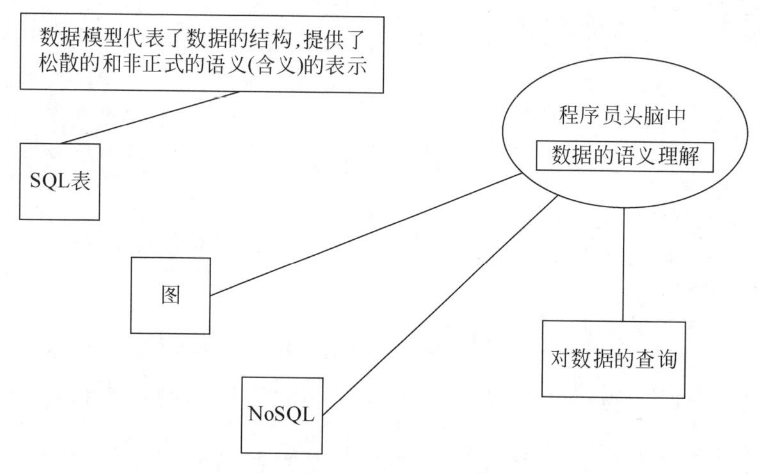

图2.9 关系数据库与程序员头脑中的数据

传统数据仓库的强大之处在于数据模型的语义创建了一种通用语言，然而，这些语义并没有记录在数据模型中，而是通过它们在数据字典中以常用传统方式使用数据。如果将语义与数据分离，则会限制查询、算法和分析以强大的方式(如机器学习和人工智能)使用语义的能力。分析师和程序员头脑里有语义，可以利用它们，但自动化系统不能。

图模型的强大功能为数据编织添加了语义，数据模型使用诸如本体和RDF三元组之类的语义标准来表示数据关系的结构。语义层是一层元数据，它为整个图增加了深度和意义，以便查询和算法可以使用这些信息。如图2.10所示，其结果是一个更加实用和不言自明的图谱，即将数据含义嵌入了数据中。

语义支持的图谱超越了不使用语义的图谱。对于每个节点的语义信息，允许通过程序和推理进行更多的连接。在非语义图谱中，连接是显式创建的。

最终，数据编织有很多层，其中包括落地数据(来自各种来源的数据)、

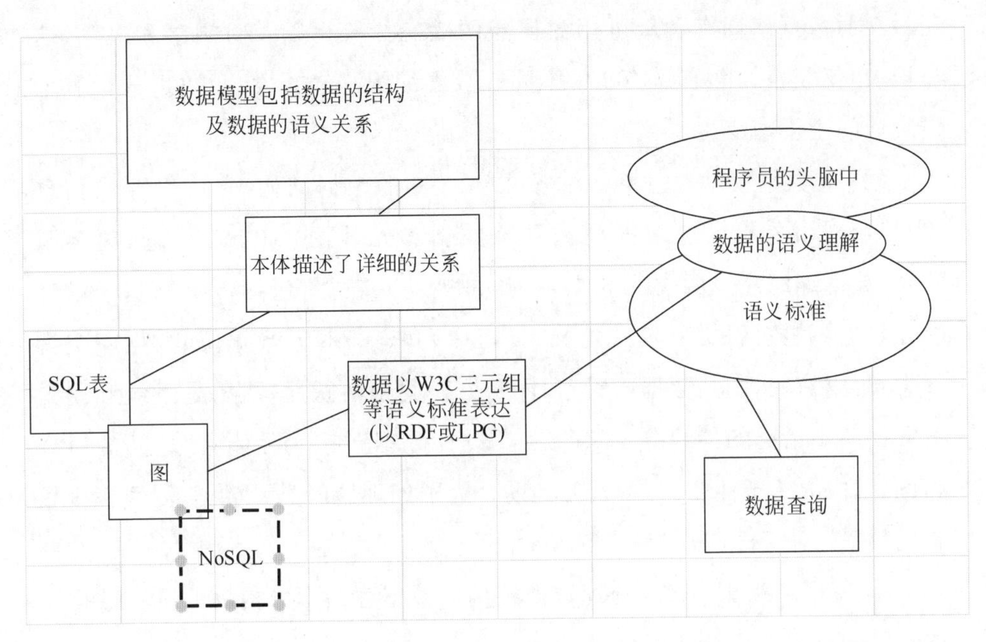

图 2.10　语义嵌入图中

建模数据(集成到可用格式中的落地数据)和专门构建的数据(旨在支持特定应用程序中的特定分析),如图 2.11 所示。

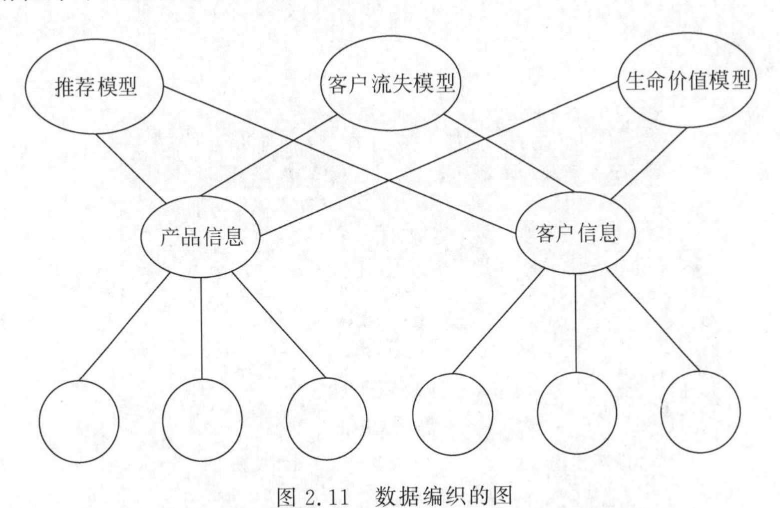

图 2.11　数据编织的图

(1) 连接数据:数据编织映射驻留在不同应用程序中的数据(无论原始部署和位置如何,都位于底层数据存储中),并使其为业务探索做好准备。

互联互通数据使现有和新可用数据点的动态体验得以及时洞察和决策，这与报表/仪表板的静态体验非常不同。数据编织是知识发现、数据分析和增强决策的主干。

(2) 元数据驱动：想象一下像人脑一样的数据结构，它可以存储信息(为神经网络分析而获取的周边系统数据和元数据)和处理信息(决策引擎)。数据编织涉及两类元数据，一类是被动元数据，包括传统的基于设计的元数据(如数据模型、模式定义、词汇表)和运行时元数据(如数据库查询日志、集成作业日志、数据质量审计)；另一类是活跃元数据，是系统和用户对数据使用情况的持续分析，以确定“设计数据”与“实际体验”之间的对齐和例外，由人工智能驱动，由人类辅助。为了处理这两类元数据，需要三个核心元数据处理引擎(图 2.12)。

① 使用和利用引擎：处理数据结构元数据存储库中捕获的有关数据主体、系统、日志和用户的信息。

② 连续推理引擎：通过分析内容并在结构的存储库中注册发现(如推断的数据域、数据质量)来推断数据的语义。

③ 对齐和异常引擎：将设计的元数据与推断的元数据进行比较，并处理不对齐。

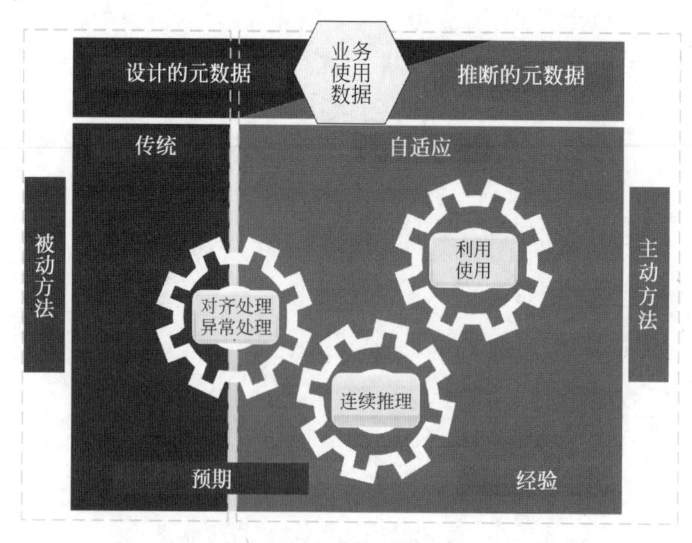

图 2.12　数据编织的 AI 引擎(来源：Gartner)

(3) 可组合设计。数据编织由可以以各种组合方式选择和组装的组件组成(见图 2.13)。组件成熟度水平各不相同。因此,数据编织实现可能会有很大变化,但无论如何变化,以下两类技术是必然之选:

① 使用本体,通过业务语义来丰富连接的数据——跨异构应用程序建模关系。兼容的元数据和有保证的数据质量对于将整个企业的数据连接到一个通用模型中至关重要。

② 使用人工智能(AI),编织识别以前未使用或未知(但现在可用)数据中的类似数据,并提醒用户"有新数据可用",否则可能需要数周或数月才能发现。但当人工智能无法推断数据时,它可以被设置为向能够解释数据的人"求助",然后编织就会学习。

总结以上各种技术实现,理想的数据编织平台实现必须包括以下关键点:

(1) 必须收集和分析所有形式的元数据:上下文信息为动态数据编织设计奠定了基础。应该有一种机制(如连接良好的元数据池),使数据编织能够识别、连接和分析各种元数据(技术、业务、运营和管理元数据)。

(2) 必须将被动元数据转换为活跃元数据:对于数据的无摩擦共享,企业激活元数据非常重要。为此,数据编织应该持续分析关键指标和统计数据的可用元数据,然后构建图谱数据模型。基于元数据的独特和业务相关关系,以易于理解的方式(图形方式)描述元数据。利用关键元数据指标启用人工智能和机器学习算法,随着时间的推移,学习并产生有关数据管理和集成的高级预测。

(3) 数据编织必须创建和管理知识图谱。知识图谱使数据和分析领导者能够通过语义丰富数据来获得业务价值。知识图谱的语义层使其更加直观和易于解释,使数据分析人员的分析变得容易。它为数据使用和内容图增加了深度和意义,允许人工智能和机器学习算法将信息用于分析和其他操作用例。数据集成专家和数据工程师经常使用的集成标准和工具可以确保轻松访问和交付知识图。

(4) 数据编织必须具有强大的数据集成主干,数据编织应兼容各种数据交付方式,包括但不限于 ETL、流式传输、复制、消息传递和数据虚拟化或数据微服务。

2.5 数据编织的实现参考

数据编织数据管理架构体系作为一个综合的解决方案，可参考以下九类关键组件（图 2.13）从数据中提取见解并在整个企业中一致地交付它们。

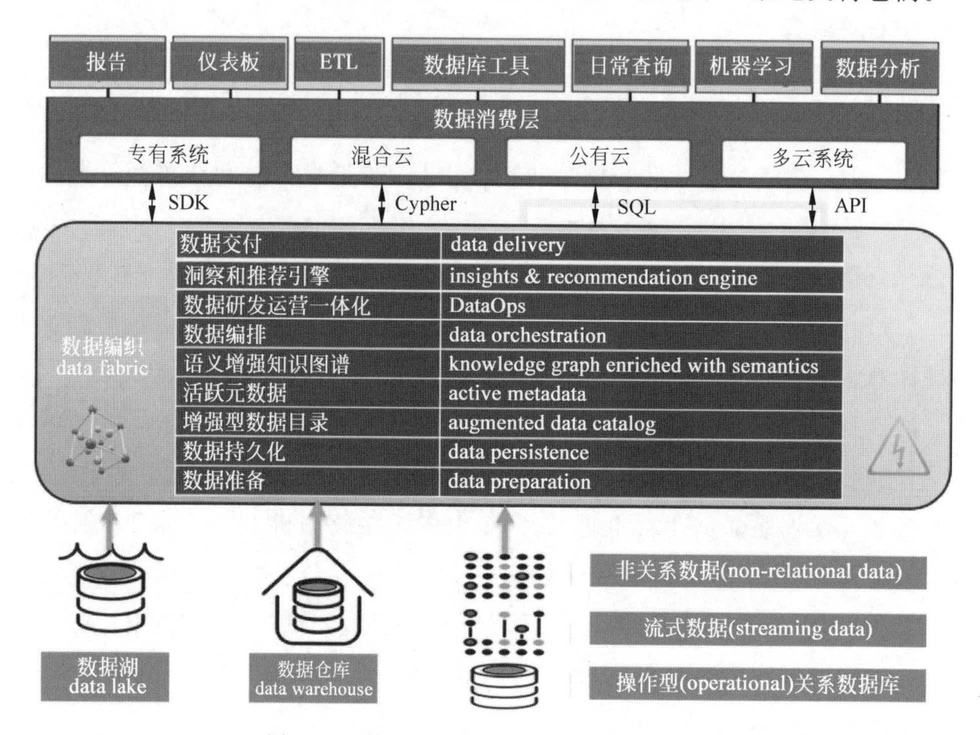

图 2.13　数据编织架构实现的关键能力组件

2.5.1 增强型数据目录

增强型数据目录是一个数据管理工具或系统，旨在帮助企业更有效地管理和利用其数据资产。它结合了数据目录（data catalog）和增强型智能功能，以提供更丰富的数据管理和发现功能。以下是增强型数据目录的一些关键特点和功能：

（1）数据发现和检索：增强型数据目录使用户能够轻松地搜索和发现企业内的数据资源。它提供了元数据的全文搜索、过滤和导航功能，以便用户可以找到他们需要的数据。

(2) 元数据管理：这种目录存储和管理与数据相关的元数据，如数据表的结构、字段描述、数据质量、数据拥有者等信息，有助于更好地理解和描述数据资源。

(3) 数据分类和标记：数据目录可以帮助企业对数据进行分类和标记，以便更好地组织和识别不同类型的数据资源。

(4) 数据协作：增强型数据目录通常支持多用户协作，使不同团队和用户可以共享和合作管理数据资源。

(5) 自动化和智能功能：这是增强型数据目录的关键特点之一。它利用机器学习和人工智能技术来自动化元数据的生成、数据关系的分析、数据质量评估和推荐相关数据资源。

(6) 数据访问和安全性：数据目录可以管理数据的访问权限，确保数据只被授权用户访问，并符合数据隐私和合规性要求。

(7) 数据可视化：有时，增强型数据目录可以提供数据资源的可视化，以便用户更好地理解数据。

增强型数据目录的目标是通过结合数据管理和智能技术，提供更丰富的数据发现、管理和利用功能，从而帮助企业更好地理解、最大化利用和维护其数据资产。这对于数据驱动的决策和业务运营非常重要。

2.5.2　语义增强知识图谱

语义增强知识图谱中的数据和信息不仅是基本事实和关系的集合，还具有附加的语义信息和语义关系，以增强其含义和上下文的丰富性。这意味着知识图谱不仅存储了实体（如人、地点、事物）之间的关系，还为这些关系添加了更多的语义或语境信息，以帮助计算机更好地理解和处理这些关系。以下是关于语义增强知识图谱的一些关键方面：

(1) 语义信息：这种知识图谱包含了实体和关系的语义信息，这些信息可以是词汇、分类、属性、含义或其他关于实体和关系的附加信息，有助于提供更多关于实体和关系的深层次理解。

(2) 语义关系：不仅仅是简单的连接，语义增强知识图谱中的关系也包含了附加的语义信息,以描述关系的性质、类型和含义。

(3) 上下文理解:语义增强知识图谱能够更好地理解数据的上下文,因此可以更准确地回答查询或执行自然语言处理任务。

(4) 语义推理:语义增强知识图谱可以用于知识推理,即通过已有的知识和语义信息来推导新的信息或关系。

(5) 应用领域:语义增强知识图谱在许多领域都有应用,包括自然语言处理、信息检索、推荐系统、智能问答系统等。

语义增强知识图谱通过添加语义信息和语义关系,提高了知识图谱的语义深度,从而更好地支持机器理解和应用知识。这对于许多人工智能和数据分析任务非常重要,因为它有助于解决数据的复杂性和多义性。

2.5.3 活跃元数据

元数据激活指的是激活或启用与元数据(数据的描述性信息)相关的功能或过程。在信息技术和数据管理领域,元数据激活通常指的是启用元数据的使用或应用,以便更好地管理、搜索、组织或理解数据。这可以包括元数据的标记、索引、分类和检索等活动。

活跃元数据指元数据(数据的描述性信息)在某个过程或系统中处于活跃状态,起到了实际作用而不仅仅是被动地(passively)存储或记录的信息。活跃元数据通常用于数据管理、数据分析、搜索和相关操作,以帮助用户更好地理解、利用和管理数据。这可以包括元数据的实时更新、与数据相关的动态信息,以及元数据实际应用于数据的某些方面。

活跃元数据是具有自我管理、自我描述和自我控制能力的元数据,能够动态地响应环境变化和需求变更,提供更高级别的自动化和智能化支持,其特点和要求如下:

(1) 自我管理性(self-managing):活跃元数据能够自我管理,即能够监测、识别和调整自身以适应环境的变化,保持元数据的准确性、完整性和时效性。

(2) 自我描述性(self-describing):活跃元数据具有自我描述的能力,能够清晰地定义和表达其所描述的数据或资源的特征、属性、关系和上下文信息。

（3）自我控制性（self-governing）：活跃元数据能够自我控制，包括能够根据预设的规则、策略或条件自主地进行调整、更新或应对变化，保证数据的一致性和可靠性。

（4）动态性（dynamic）：活跃元数据是动态变化的，能够随着环境、需求或条件的变化而实时更新、调整或演化。

（5）智能化支持（intelligent support）：活跃元数据具备一定程度的智能化能力，能够应用数据分析、机器学习等技术，提供智能推荐、自动化管理等功能，以更好地支持数据管理和应用。

（6）适应性（adaptability）：活跃元数据应具备较强的适应性，能够适应不同类型和规模的数据资源及不同的应用场景和需求。

（7）安全性与隐私保护（security and privacy protection）：活跃元数据需要具备严格的安全性控制措施和隐私保护机制，确保数据的安全性和隐私性不受损害。

活跃元数据的特点和要求使其成为数据编织的重要组成部分，能够为数据资产提供更高效、智能和可靠的管理与应用支持。

2.5.4　洞察和推荐引擎

活跃元数据推荐引擎是一种元数据管理和自动化工具，旨在通过活跃元数据（描述性信息）来提供有关数据的实时建议和推荐。这种引擎结合了元数据管理、自动化处理和推荐系统的特点，以改善数据管理、数据搜索和数据分析的过程。以下是关于活跃元数据推荐引擎的一些关键方面：

（1）元数据管理：引擎收集、整理和管理与数据相关的元数据，包括数据结构、关系、数据质量、数据拥有者等信息。这些元数据有助于更好地理解和描述数据资源。

（2）实时建议：引擎使用机器学习和数据分析技术来实时分析元数据，并为用户提供与其当前操作或查询相关的数据建议。这些建议可以包括数据资源、相关数据、数据可视化等。

（3）数据关联：引擎可以识别数据之间的关系，以提供用户可能感兴趣的相关数据资源。

(4) 自动化：这种引擎是自动的，能够根据用户的活动和查询自动为其提供建议，而不需要手动配置或搜索。

(5) 增强决策：提供了数据决策支持，可以帮助用户更好地选择适当的数据资源，执行数据分析或采取其他操作。

(6) 数据发现：引擎有助于用户发现他们之前可能没有意识到的数据资源，从而提供更全面的数据视图。

(7) 用户自定义：通常，用户可以自定义引擎的行为，以适应其特定需求和工作流程。

活跃元数据推荐引擎旨在通过利用元数据的实时分析和推荐功能，使用户更有效地管理、分析和利用数据。这对于企业内的数据驱动决策和数据资产管理非常有帮助，特别是在大数据环境中。这种引擎可以改善数据发现的速度和准确性，更好地促进数据的利用。

2.5.5 数据准备

数据准备是指在进行数据分析、机器学习或其他数据驱动任务之前，对原始数据进行处理、清洗、转换和重塑的过程。数据准备是数据预处理的一部分，旨在确保数据质量及适合后续分析和建模的数据特征。以下是数据准备的主要目标和步骤：

(1) 数据收集：数据准备开始于数据的收集阶段，包括从各种源头(数据库、文件、传感器、API 等)获取数据。

(2) 数据清洗：清洗是数据准备的重要部分，它涉及检测和纠正数据中的错误、缺失值、异常值和重复值。这确保了数据的准确性。

(3) 数据转换：数据转换包括将数据从原始格式转换为适用于分析的格式，可能涉及归一化、标准化、离散化、编码分类变量等。

(4) 数据集成：在某些情况下，数据来自不同源头，需要集成为一个数据集。这可能涉及数据合并、连接和数据联邦操作。

(5) 特征工程：特征工程是数据准备的一个重要部分，包括选择、构建或转换特征，以便模型可以更好地理解数据和做出准确的预测。

（6）数据规约：如果数据非常庞大，可能需要对数据进行规约，以减少存储和计算成本。这包括采样、聚合和降维。

（7）数据验证和质量控制：数据准备也包括对准备后的数据进行验证和质量控制，以确保数据满足质量标准和业务需求。

（8）文档和元数据：数据准备通常伴随着文档和元数据的创建，以帮助其他用户理解数据的含义、来源和处理步骤。

数据准备是数据分析流程中非常关键的一部分，因为数据的质量和结构会对分析和建模的结果产生深远的影响。有效的数据准备能够提高模型的准确性、降低数据分析的错误率，以及节省时间和资源。

2.5.6　数据交付

数据交付是指将数据传递给最终用户或数据消费者的过程，包括确保数据按照预定的要求和时间表交付，以满足业务需求和决策支持。以下是数据交付的关键要点：

（1）数据传递方式：数据可以通过多种方式进行交付，包括文件传输、实时流数据、API 调用、数据库查询等。交付方式根据业务需求和数据消费者的要求而定。

（2）数据格式：数据可以以各种格式进行交付，如文本文件、CSV、JSON、XML、数据库表格等。数据的格式应与数据消费者的应用程序和工具兼容。

（3）数据质量：数据交付的质量是至关重要的，以确保数据准确、一致、完整和可靠。数据应经过清洗、验证和质量控制，以减少错误和不一致性。

（4）数据安全性：数据交付时必须注意数据的安全性。敏感数据可能需要加密，以确保数据不被未经授权的人访问。

（5）交付时间表：数据的交付通常遵循时间表，以满足业务需求。某些数据可能需要实时或准实时交付，而其他数据可能是按需或定期交付。

（6）元数据和文档：数据交付通常伴随着元数据和文档，以帮助数据消费者理解数据的含义、结构和用途。元数据可以提供有关数据的附加信息，如字段描述、单位、来源等。

（7）监控和反馈：数据交付后，监控数据使用情况和性能非常重要。这有助于确保数据满足业务需求，并在必要时进行调整。

数据交付是数据管理过程的重要组成部分，涉及多个方面，包括数据的获取、清洗、传输、质量控制和交付，以满足企业内部和外部的数据需求。数据交付的成功取决于有效的协调、合规性和满足用户的期望。

2.5.7 数据编排

数据编排是一种数据管理和自动化技术，旨在协调和执行数据工作流程，包括数据采集、转换、传输和加载（ETL），以及其他数据处理任务。它涵盖了数据流程的设计、计划、监控和管理。关键要点如下：

（1）工作流程管理：数据编排工具允许用户创建、排定和监控数据工作流，确保数据按照预定的顺序和规则传输和处理。

（2）跨平台集成：数据编排工具通常支持不同数据存储、数据处理引擎和应用程序之间的集成，以便协调跨多个系统的数据流。

（3）错误处理：它可以处理错误和异常情况，以确保数据工作流的稳定性和可靠性。

（4）自动化：数据编排工具的目标是自动化数据流程的管理和执行，减少手动操作和人为错误。

2.5.8 数据研发运营一体化

数据研发运营一体化是一种数据管理方法和文化，旨在加强数据工程和数据科学团队之间的协作，提高数据工作流的质量和效率。它强调数据工作流的持续集成、持续交付和持续监控，类似于软件开发中的DevOps。关键要点如下：

（1）协作：DataOps鼓励数据工程师、数据科学家、数据分析师等不同角色之间的紧密协作，以确保数据工作流的协同性。

（2）自动化：自动化是DataOps的核心，涵盖了数据采集、清洗、转换、分析和报告等任务的自动化。

(3) 持续集成和交付：DataOps强调持续集成和持续交付的原则，确保数据工作流的改进和发布是迭代的和频繁的。

(4) 质量控制：DataOps关注数据质量和数据工作流的监控，以确保数据的准确性和一致性。

(5) 文档和追踪：DataOps要求对数据工作流进行文档记录和追踪，以便了解和复现数据处理的历史。

综上，数据编排和DataOps都是旨在优化数据管理和数据流程的方法，它们可以独立使用，也可以结合使用，以帮助企业更好地利用数据资源、提高效率和质量。

2.5.9 数据持久化

数据持久化是指在计算系统中将数据保存在非易失性存储介质(通常是硬盘、固态硬盘、数据库等)以便以后访问的过程。这个过程确保了数据在计算系统关闭或重启后不会丢失，并且可以随时恢复和访问。以下是关于数据持久化的一些关键要点：

(1) 数据保存：数据持久化涉及将计算系统中的数据写入永久存储介质，通常是硬盘或数据库。这确保了数据在系统关闭时不会丢失。

(2) 非易失性：数据持久化媒介通常是非易失性存储介质，这意味着数据会在系统断电或关机后保持完好，不会丢失。

(3) 访问和检索：一旦数据被持久化，它可以随时被检索和访问，以供后续的计算、分析或报告使用。

(4) 数据恢复：数据持久化是数据恢复的重要组成部分。在系统故障或错误发生时，数据可以从持久存储中恢复，以防止数据丢失。

(5) 数据库持久化：数据库管理系统(DBMS)是常用于数据持久化的工具，因为它们可以管理数据的安全存储和检索。关系数据库系统(如MySQL、Oracle、PostgreSQL)和属性图数据库系统(Neo4J等)均使用数据持久化来保护数据。

(6) 应用程序数据持久化：应用程序也需要数据持久化，以保存用户设置、日志、文件和其他应用程序相关数据。这确保了用户在不同会话中可以访问相同的数据。

(7) 文件系统：数据持久化也适用于文件系统。文件系统将文件存储在硬盘上，以确保文件在系统重启后仍然可用。

数据持久化对于计算系统的稳定性、数据保护和可靠性非常重要，确保了数据不会在计算系统关机、断电或发生故障时丢失，从而提供了数据的持久性，使数据可以长期存储和访问。这对于数据库、文件系统和应用程序的正常运行至关重要。

2.6 数据编织的构建流程

实施高效的数据编织架构不是通过单一工具完成的。相反，它包含各种技术组件，如数据集成、数据目录、数据管理、元数据分析和增强数据编排。这些组件协同工作，在混合和多云环境中的各种端点上提供敏捷且一致的数据集成功能。要创建高效的数据编织架构，需首先遵循以下五个关键的构建流程。

(1) 建立数据集成框架

集成来自异构源的数据是构建数据结构的第一步。首先，使用数据获取程序，这些获取程序旨在从本地和云环境中的结构化、非结构化和(或)半结构化数据源自动获取技术元数据。使用此元数据启动引入过程并集成各种数据源。通过实施元数据驱动的引入框架，可以无缝集成来自内部和外部来源的结构化、非结构化和半结构化数据，从而增强底层数据结构架构的有效性。

(2) 实践活跃元数据管理

与仅关注技术元数据存储的传统方法不同，数据编织包含技术、业务和管理元数据。数据编织与其他选项的不同之处在于它能够激活元数据，从而允许在现代数据堆栈中的工具之间无缝流动。活跃元数据管理可分析元数据，并根据需要及时提供警报和建议，以解决数据管道故障和架构偏移等问题。这种主动方法还确保了数据编织架构中健康且更新的数据堆栈。

(3) 通过知识图谱获得更好的见解

数据编织的一个关键优势是它能够利用知识图谱来展示不同数据资产

之间的关系。在知识图谱中，节点表示数据实体，边连接这些节点以说明它们之间的关系。利用数据编织中的知识图谱可以增强数据探索，并实现更有效的决策过程。这种数据的情境化促进了数据民主化，使业务用户能够以有意义的方式访问和理解数据。

（4）培养协作工作空间

数据编织使不同的数据和业务用户能够使用和协作处理数据。这些协作工作区使业务团队和数据团队能够进行交互，以便可以共同对数据资产进行标准化、规范化和协调。它们还通过为上下文用例组合多个数据对象来支持特定领域的数据产品的开发。

（5）实现与现有工具的集成

在数据编织架构中，与现代数据堆栈中的现有工具建立无缝集成至关重要。可以利用数据编织，而无需更换整个工具集。借助内置的互操作性，数据编织可以与现有的数据管理工具（如数据目录、DataOps和商业智能工具）协同工作。这允许用户将精选数据连接并迁移到任何首选的BI或分析工具，以便他们针对特定用例优化数据产品。

与其他难以处理大型和（或）复杂数据集并提供实时数据访问和可扩展性的解决方案不同，数据编织提供了一种敏捷的解决方案。通过统一的架构和元数据驱动的方法，数据编织使企业能够有效地访问、转换和集成各种数据源，使数据工程师能够快速适应不断变化的业务需求。

通过提供一致的数据视图，数据编织增强了协作、数据治理和决策。工作流程得到简化，生产力得到提高，资源分配得到优化。更重要的是，数据编织可以使企业能够有效地管理、分析和利用其数据资产，从而实现真正的业务成功。

第 3 章

数据编织的关键技术

3.1 图谱

3.1.1 图谱简介

图谱(graph)是一个简单而古老的数学概念。它是一种数据结构,由一组顶点(或节点/点)和边(或关系/线)组成,可用于对对象集合之间的关系进行建模。传说莱昂哈德·欧拉在 1736 年首次开始谈论图。在访问普鲁士的柯尼斯堡(现在的俄罗斯加里宁格勒)时,欧拉不想花太多时间在这座位于普雷格尔河两岸的城市中散步,其中包括两个大岛,它们相互连接,并通过七座桥梁连接到城市的两个陆地部分。欧拉计划在城市中散步,他正式提出了通过每座桥梁一次且仅一次的问题。他证明了这是一项不可能完成的任务,所以他留在家里。这导致了图和图论的发明。图 3.1 展示了柯尼斯堡的传统表示和欧拉用来证明他的论点的相关图形表示。

更正式地说,图谱是由 $G=(V,E)$ 表示的一对顶点和边,其中 V 是用 $V=\{V_i, i=1,2,\cdots,n\}$ 表示的顶点集合,E 是关联 V 的边的集合,由 $E_{ij}=\{(V_i,V_j), V_i\in V, V_j\in V\}$ 表示,$E\subseteq[V]^2$。E 的元素因此是 V 的二元子集,

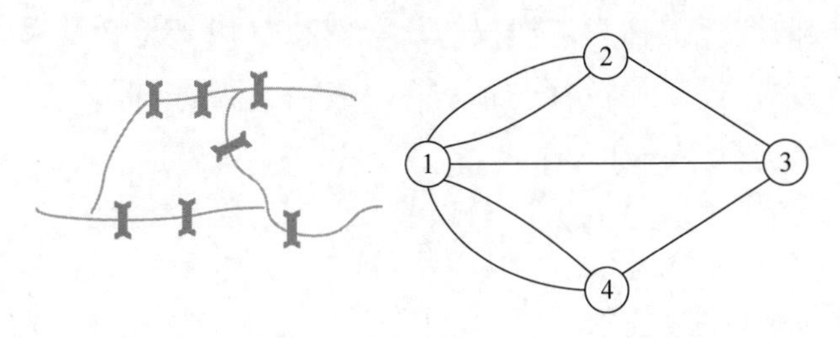

图 3.1 柯尼斯堡的传统表示及相关图形表示

也就是任何一条边均要连接两个顶点。表示图形的最简单方法是为每个顶点绘制一个点或一个小圆圈,如果它们形成一条边,则用一条线连接其中两个顶点。这种更正式的描述如图 3.2 所示。

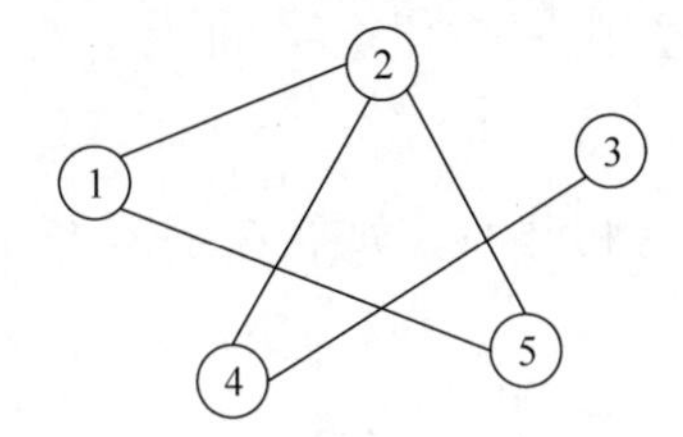

图 3.2 $V=\{1,2,3,4,5\}$上的无向图,边设置为 $E=\{(1,2),(1,5),(2,5),(2,4),(4,3)\}$

图谱可以是有向的,也可以是无向的,具体取决于是否在边上定义了遍历方向。在有向图中,边 E_{ij} 可以从 V_i 遍历到 V_j,但不能沿相反方向遍历;V_i 称为尾节点或开始节点,V_j 称为头部或结束节点。在无向图中,两个方向的边遍历都是有效的。图 3.2 表示无向图,而图 3.3 表示有向图。

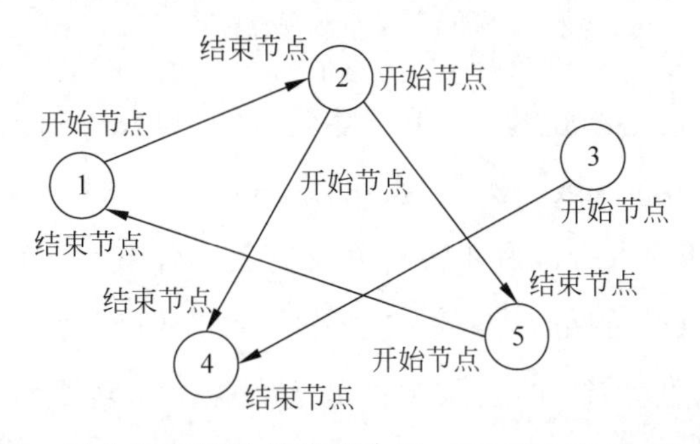

图 3.3 $V=\{1,2,\cdots,5\}$上的有向图,边设置为 $E=\{(1,2),(2,5),(5,1),(2,4),(3,4)\}$

在图 3.3 中,箭头指示关系的方向。默认情况下,图形中的边是未加权的(因此,相应的图形被称为未加权图)。当权重(用于传达某种显著性的数值)被分配给边时,该图形被称为加权图。图 3.4 显示了与图 3.2 和图 3.3 相同的图形,但为每个边分配了权重。

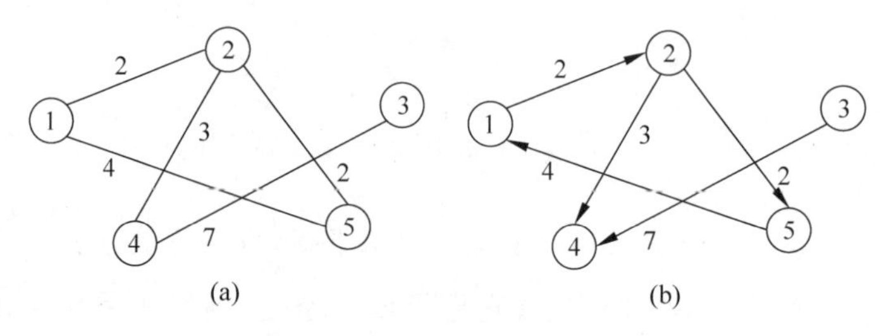

图 3.4 无向加权图和有向加权图

如果$\{x,y\}$是 G 的边,则两个顶点 x 和 y 定义为相邻或相连。连接它们的边 E_{ij} 被称为两个顶点 V_i 和 V_j 上的事件。两条不同的边 e 和 f 如果具有共同的顶点,则它们是相邻的。如果 G 的所有顶点都是成对相邻的,则 G 是完整的。图 3.5 显示了一个完整的图形,其中每个顶点都连接到所有其他顶点。

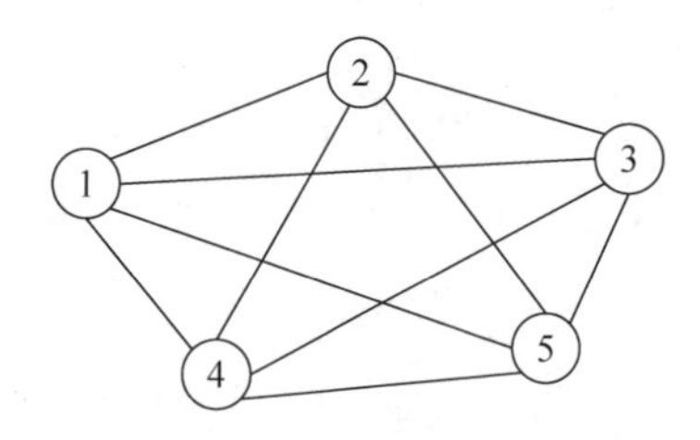

图 3.5 一个完整的图形,其中每个顶点都连接到所有其他顶点

图中顶点最重要的属性之一是其度数,定义为入射到该顶点的边总数,也等于该顶点的相邻点数。例如,在图 3.4 的无向图中,顶点 2 的度数为 3(顶点 1、顶点 4 和顶点 5 作为邻居),顶点 1(其相邻点为 2 和 5)、4(相邻点为 2 和 3)和 5(相邻点为 1 和 2)的度数为 2,顶点 3 的度数为 1(仅与 4 连接)。

在有向图中,顶点 V_i 的度数被拆分为顶点的入度数和出度数,前者定义为 V_i 是其结束节点(箭头的头部)的边数,后者定义为 V_i 是其起始节点(箭头尾部)的边数。在图 3.4(b)的有向图中,顶点 1 和顶点 5 的入度和出度为 1(它们各有两个关系,一个向内和一个出),顶点 2 的入度为 1,出度为

2(从 1 开始的一个传入关系和两个传出到顶点 4 和顶点 5),顶点 4 的入度为 2,出度为 0(顶点 2 和顶点 3 的两个传入关系),顶点 3 的出度为 1,入度为 0(一个传出关系到顶点 4)。图的平均度数计算如下,其中 N 是图中的顶点数:

$$\alpha = \frac{1}{N} \sum_{i=1,2,\cdots,N} \text{degree}(V_i) \tag{3.1}$$

序列中每个连续的有相同属性的边连接的顶点序列称为路径。没有重复顶点的路径称为简单路径。循环路径是第一个顶点和最后一个顶点重合的路径。在图 3.2 中,[1,2,4]、[1,2,4,3]、[1,5,2,4,3]等是简单路径;特别是,[1,2,5]表示一个循环路径。

3.1.2　图网络模型

图可用于表示事物如何在简单或复杂的结构中物理或逻辑上相互连接。将为边和顶点分配名称和含义的图称为网络。在这些情况下,图是描述网络的数学模型,而网络是对象之间的一组关系,其中可能包括人、组织、国家、在互联网搜索中找到的项目、脑细胞或电力变压器。这种多样性说明了图形及其可用于对复杂系统建模的简单结构(这也意味着它们需要少量磁盘存储容量)的强大功能。让我们用一个例子来探讨这个概念。假设有如图 3.6 所示的图表。

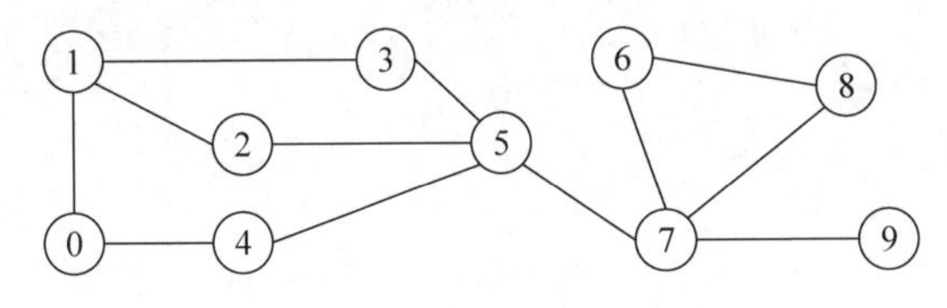

图 3.6　非平凡的通用图

在数学意义上,它是一个纯图,可用于根据边和顶点的类型对几种类型的网络进行建模。例如,可以建模:

(1) 社交网络,如果顶点是人,并且每条边代表人之间的任何类型的关系(友谊、家庭成员、同事等)。

(2) 信息网络,如果顶点是网页、文档或论文等信息结构,并且边表示逻辑连接,例如,超链接、引文或交叉引用。

(3) 通信网络,如果顶点是可以中继消息的计算机或其他设备,并且边缘表示可以传输消息的直接连接。

(4) 交通网络(如果顶点为城市),边表示使用航班、火车或公路的直接连接。

图 3.7 展示了同一图如何通过为边和顶点分配不同的语义来表示多个网络。

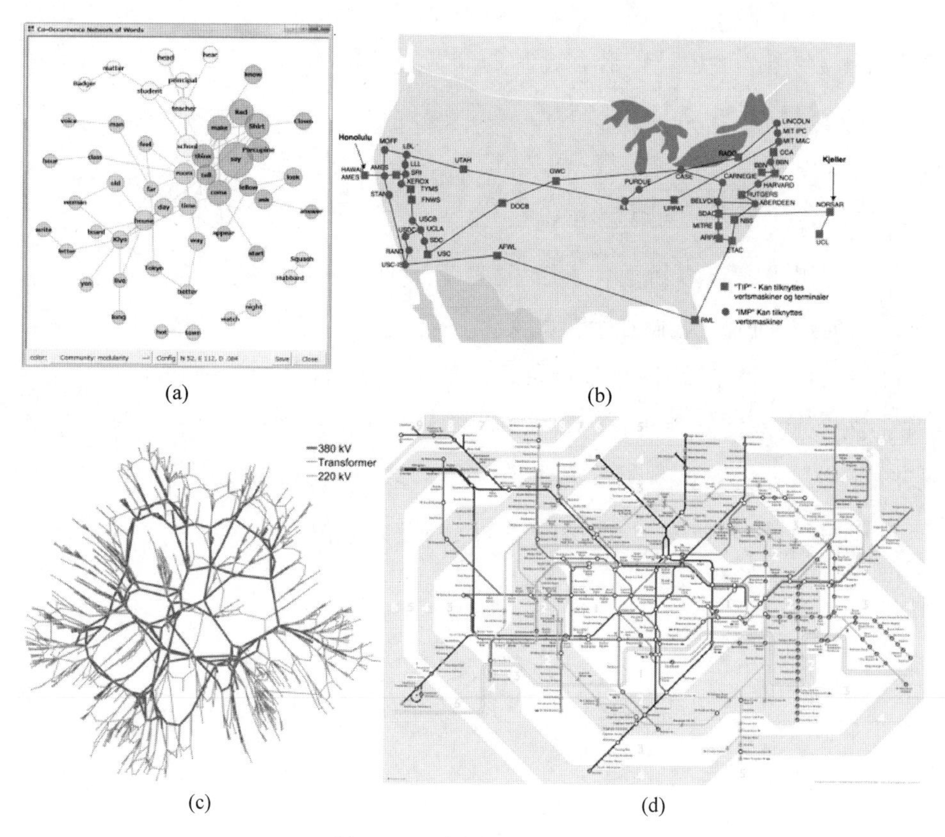

图 3.7 不同类型的图网络

(a) 共现网络;(b) ARPA 网络;(c) 电网;(d) 伦敦地铁

查看图 3.7,可以发现图表的另一个有趣特征:具有高度的可交流性和可解释性。它们可以清晰地显示信息,这就是为什么经常被用作信息地图的原因。将数据表示为图网络并使用图算法,可以查找复杂模式,并使这些模式可见,以便进一步调查和解释。

在图谱中,网络、图算法和图可视化明显地证明了使用传统数据挖掘工具无法发现的事物。

如果图是一个纯粹的数学概念,存在于它自己的柏拉图世界中,那么网络作为某个具体系统或生态系统的抽象,会受到作用于它们并改变其结构的力的影响。我们将这些称为周围环境——存在于网络顶点和边缘之外的因素,但仍然会影响网络结构如何随时间演变。

这种背景的性质和力量的类型是特定于网络类型的。例如,在社交网络中,每个人都有一组独特的个人特征,两个人的特征之间的相似性和兼容性会影响链接的创建或删除。管理社交网络结构的最基本概念之一是同质性(来自希腊语,有共同的兴趣):社交网络中的链接倾向于将彼此相似的人联系起来。更正式地说,如果两个人的特征在他们所来自的人群或他们所属的网络中的比例大于预期,那么他们更有可能被连接起来。反之亦然:如果两个人联系在一起,那么他们更有可能具有共同的特征或属性。这就是为什么我们在微信上的朋友看起来不像是随机抽样的人,而是在民族、种族和地理维度上与我们相似;他们在年龄、职业、兴趣、信仰和观点上往往与我们相似。

基本思想可以在柏拉图(例如,"相似性产生友谊")和亚里士多德(人们"爱那些像自己一样的人")的著作中找到,也可以在民间命题中找到,如"羽毛的鸟群聚集在一起"。同质性原则也适用于团体、组织、国家或社会单位的任何方面。

了解周围的环境及作用在网络上的相关力量有助于以多种方式完成机器学习任务。例如,

(1) 网络是所需流和不需要的流的管道。营销人员总是试图接触和说服人们。如果一个人能找到开始对话的方法,个人接触是最有效的。这就是所谓的病毒式营销的基础概念。

(2) 了解这些力可以预测网络如何随时间演变。这使数据科学家能够主动响应此类更改或将其用于特定的业务目的。

社会学和心理学的发现指出一个人的社交网络在决定他们的品位、偏好和活动方面的相关性。此信息在构建推荐引擎时非常有用。与推荐引擎

相关的问题之一是冷启动问题：由于没有相关的历史记录，无法预测新用户的任何内容。社交网络和同质性原则可用于根据连接用户的品位提出建议。

3.1.3 图表示方法

有两种标准方法来表示图 $G=(V,E)$，采用合适的方式进行处理：作为邻接列表 s 的集合或作为邻接矩阵。每种方式都可以应用于有向图、无向图和无权图。

邻接列表图由列表数组(Adj)组成，V 中的每个顶点对应一个列表。对于 V 中的每个顶点 u，邻接列表 Adj[u]包含 E 中 u 和 v 之间存在边 E_{uv} 的所有顶点 v。换句话说，Adj[u]由 G 中与 u 相邻的所有顶点组成。

在图 3.8 中，顶点 1 有两个邻居 2 和 5，因此 Adj[1]是列表[2,5]；顶点 2 有三个邻居 1、4 和 5，因此 Adj[2]是[1,4,5]。其他列表以相同的方式创建。由于关系中没有顺序，因此列表中没有特定的顺序，Adj[1]可以是[2,5]或[5,2]。

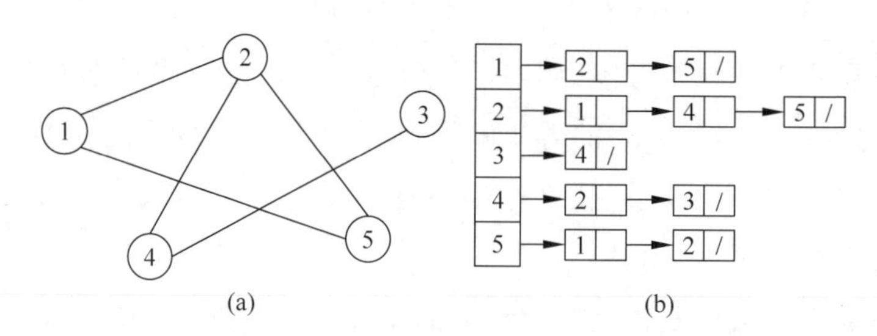

图 3.8　无向图(a)和作为邻接列表的相关表示(b)

同样，图 3.9 提供了左侧有向图的邻接列表表示。此类列表可视化为链表，其中每个条目都包含对下一个条目的引用。例如，在节点 1 的邻接列表中，第一个元素是节点 2，并引用下一个元素，即节点 5 的元素。这是存储邻接列表的最常见方法之一，因为它使元素的添加和删除变得高效。在这种情况下，只考虑了传出关系，但对传入关系也可以这样处理。重要的是选择一个方向并在邻接列表创建期间保持一致。

在图 3.9 中，顶点 1 与顶点 2 只有一个传出关系，因此 Adj[1]是[2]。

顶点 2 与顶点 4 和顶点 5 有两个传出关系，因此 Adj[2]是[4,5]。顶点 4 没有传出关系，因此 Adj[4]为空。

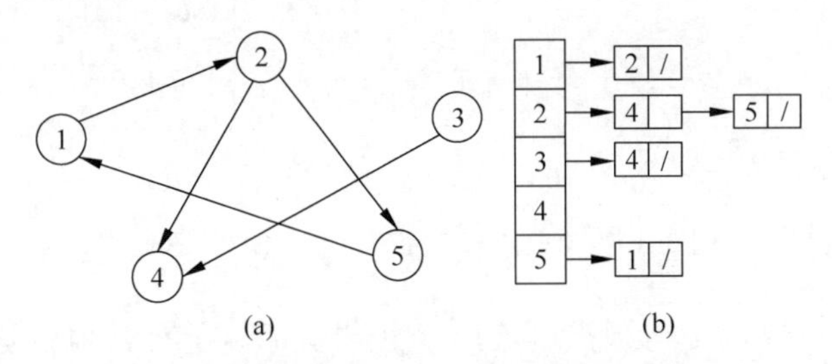

图 3.9 有向图(a)和作为邻接列表的相关表示(b)

如果 G 是有向图，则所有邻接列表的长度之和为 $|E|$。因为每条边都可以沿一个方向遍历，所以 E_{uv} 只出现在 Adj[u]中。如果 G 是无向图，则所有邻接列表的长度之和为 $2|E|$。如果 E_{uv} 是无向边，则 E_{uv} 出现在 Adj[u]和 Adj[v]中。有向图或无向图的邻接列表表示所需的向量嵌入与 $|V|+|E|$。

我们可以轻松地调整邻接列表来表示加权图，方法是将边 E_{uv} 的权重 w 存储在 Adj[u]中。邻接列表表示形式也可以类似地修改以支持许多其他图变体。这种表示的一个缺点是没有提供比在邻接列表 Adj[u]中搜索 v 更快的方法来确定图形中是否存在给定边 E_{uv}。图的邻接矩阵表示弥补了这一缺点，但代价是使用更多的内存。

对于图 $G=(V,E)$的邻接矩阵表示，假设顶点编号为 $1,2,\cdots,|V|$，以某种任意方式，并且这些数字在邻接矩阵的生命周期内保持一致，则图 G 的邻接矩阵表示为 $|V|\times|V|$ 矩阵 $\boldsymbol{A}=(a_{uv})$，如果图中存在 E_{uv}，则 $UV=1$；否则，$UV=0$。

图 3.10 显示了左侧无向图的邻接矩阵表示。第一行与顶点 1 相关。矩阵中的此行在第 1 列和第 5 列中有 1，因为它们表示顶点 1 连接到的顶点，所有其他值均为 0。与顶点 2 相关的第二行在第 1、4 和第 5 列中有一个 1，因为这些是连接的顶点，其余行依此类推。

图 3.11 显示了左侧有向图的邻接矩阵表示。对于邻接列表，应该选择一个方向并在矩阵创建过程中使用它。在本例中，矩阵中的第一行在第 2

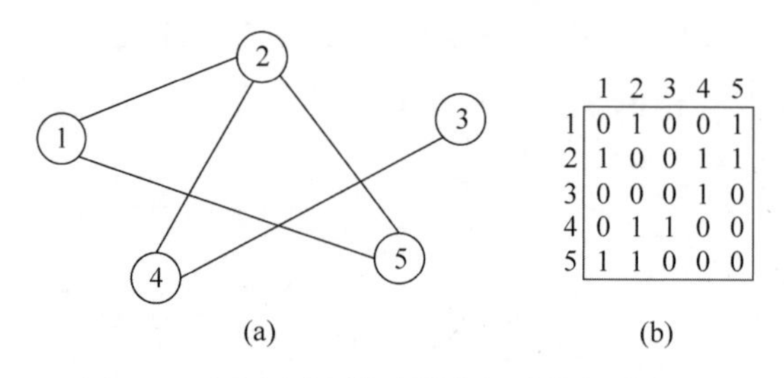

图 3.10 无向图和作为邻接矩阵的相关表示

列中为 1,因为顶点 1 与顶点 2 有一个传出关系;所有其他值均为 0。矩阵表示的一个有趣特征是:通过查看列,可以看到传入关系。例如,第 4 列显示顶点 4 具有来自顶点 2 和顶点 3 的两个传入连接。

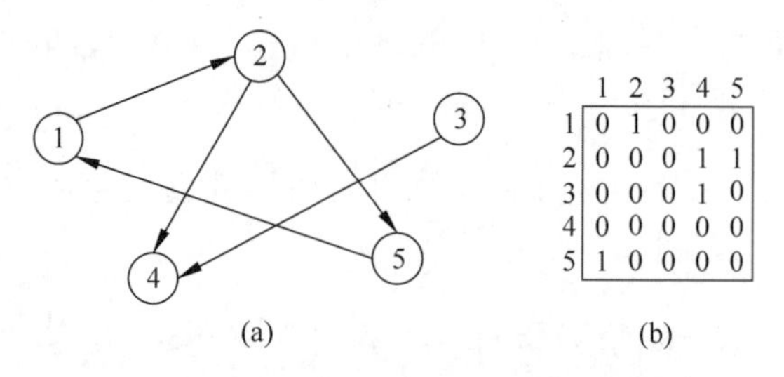

图 3.11 有向图和作为邻接矩阵的相关表示

图的邻接矩阵需要与 $|V| \times |V|$ 数据量成正比的内存,与图形中的边数无关。在无向图中,生成的矩阵沿主对角线对称。在这种情况下,可以只存储矩阵的一半,将存储图形所需的内存几乎减少一半。

与图形的邻接列表表示形式一样,邻接矩阵可以表示加权图。例如,如果 $G=(V,E)$ 是加权图,w 是边 E_{uv} 的权重,则 uv 将设置为 w 而不是 1。尽管邻接列表表示形式至少与邻接矩阵表示形式一样具有渐近空间效率,但邻接矩阵更简单,因此当图形相当小时,使用者可能更喜欢它们。此外,邻接矩阵与未加权图相比具有进一步的优势:每个条目只需要一位。

由于邻接列表表示形式提供了一种紧凑的方式来表示稀疏图(边数小于顶点数的稀疏图),因此通常是首选方法。但是,在图形密集的情况下,当 $|E|$ 接近 $|V| \times |V|$,或者当需要能够快速判断是否有连接两个给定顶点的边时,可能更适合邻接矩阵表示形式。

3.2　知识图谱简介

随着数字化智能化时代的来临，数据在企业业务各个方面的重要作用越来越明显。日常生活中数据的可用性——从一眨眼就能在网上找到任何信息，到自动个人助理的语音驱动支持，都提高了人们对数据能为企业提供什么的期望。企业决策者经常会问："企业内部数据能不能像百度搜索那样数据随时可用?"解决像百度搜索那样数据随时可用这样的一类场景，就是知识图谱(knowledge graph)技术能够发挥作用的地方。知识图谱是承载和表示背景知识的技术和工具，以图的形式，将真实世界中的实体、关系组织成网，将知识进行结构化。知识图谱中的实体和关系抽象为图中的节点和边。知识图谱作为结构化的语义知识库，用于描述物理世界中的概念、实体及其相互关系，可以理解为用网络图结构形式去关联各种各样的实体，相当于对万物知识化及互联。

知识图谱可作为一种用于应用业务上下文(语义)和捕获数据与内容之间关系的机器可读模型，它用一个抽象层来聚合依赖于上下文、连接性和关系的数据，并采用适合人类思考、机器容易理解的描述数据的方式。简而言之，知识图谱是两种内容的组合：图谱中的业务数据和业务知识的显式表示。企业管理数据是为了能够了解客户、产品或服务、功能、市场和任何其他影响企业的因素之间的联系，知识图谱直接表示这些联系，使人们能够分析和理解推动业务发展的关系。知识提供背景信息，如什么样的事情对公司重要及它们之间的关系等信息。业务知识的显式表示允许不同的数据集共享一个公共引用。知识图谱将业务数据和业务知识结合起来，可更完整地提供融合集成的数据。

知识图谱的作用是什么？为了回答这个问题，先考虑一个例子。知识图谱技术允许搜索引擎在你要求"牙医"时将口腔外科医生列入名单；搜索引擎以图的形式管理所有口腔外科医生的数据、地址和他们的行为。事实上，"口腔外科医生"是一种"牙医"，这是搜索引擎将这些数据与知识相结合，以提供完全整合的搜索体验的知识。知识图谱技术对于实现这种数据集成至关重要。再次强调，知识图谱是两种内容的组合：图谱中的业务数据和业务知识的显式表示。

几十年来，企业中的集成数据体验一直困扰着数据技术，因为这不仅仅是一个技术问题，问题还在于企业数据的管理方式。在一家企业中，不同的业务需求往往有自己的数据源，导致独立管理的数据"烟囱"间很少交互。如果企业想要支持创新并获得洞察力，就必须采用完全不同的数据思维方式，并将数据独立于任何特定应用。然后，数据利用就变成了一个将整个企业（销售、产品、客户）及整个行业（法规、材料、市场）的数据编织在一起的过程，人们将这类基于知识图谱的数据融合架构称为数据编织。在本节中，将介绍如下内容：

(1) 什么是知识图谱，以及它如何加速访问融合好的、可理解的数据；

(2) 是什么使图表示不同于其他数据表示，以及为什么这对于管理企业公共数据和研究数据很重要；

(3) 以能够与数据连接的方式表示知识意味着什么，以及可以使用什么技术来支持该过程；

(4) 知识图谱形成的数据结构如何支持其他数据密集型任务，如机器学习和数据分析；

(5) 数据编织如何比数据库甚至数据仓库更有力地支持密集的数据驱动业务任务。

知识图谱由连接的数据和明确的业务知识组成，支持所有这些新的数据思维方式。作为一种连接的网络图数据表示，知识图谱可以处理数据之间的连接。知识图谱中知识的显式表示提供了语义元数据，从而以统一的方式描述数据源。此外，知识图谱技术本质上是分布式的，允许管理多个不同的数据集。

在当前的背景下，图数据库技术的最新突破已被证明是关键的颠覆性创新，其特点是数据规模和查询性能的巨大改进。这使得这项技术能够从一种特殊的分析形式迅速发展成为数据管理主流。随着知识图谱技术的成熟，如今的企业能够编织自己的数据。知识图谱提供了在整个企业中有效共享数据的基础和架构。

在后面的内容中，将介绍两个关键技术组件：建立一个知识图谱需要的业务数据图表示和知识的显式表示。探讨这两种重要技术组件的功能如何结合起来支持数据编织体系架构的实现。

随着知识图谱和人工智能技术的成熟，知识图谱已经能够支持新的数据管理文化，构建以元数据知识图谱为核心的数据编织平台。

3.2.1　历史简述

数据管理已经存在了几十年，为了理解数据编织在这种背景下的价值，必须简要强调一些促成知识图谱出现的历史。在 2012 年谷歌宣布其在全球范围内管理数据的新功能后不久，知识图谱一词便开始流行。与早期使用谷歌作为全球文档索引的经验不同，微软必应搜索结果开始包含几乎任何概念的相关知识卡。图 3.12 显示了必应搜索"清华大学"得到的知识卡。除了卡片之外，还包括以下模板描述卡片收集的属性，例如，所有上市公司的知识卡具有相同的结构（股票价格、首席执行官、总部等），这些模板称为框架。

微软必应搜索使用图技术在搜索和检索过程中提供洞察力，使其结果更加相关，并提供额外的解释上下文。这种情况采取了与密切相关的信息和服务直接链接的形式，这些信息和服务可以直接对所提供的信息采取行动。例如，可以提供精确定位位置或生成行驶方向的地图，或者可以通过向框架中提供的股票行情应用服务来显示最新的股票价格，自动地与搜索结果相关联，并为它们带来明确描述的数据结构。

作为希望模仿微软必应搜索能力的一类场景，基于将分布式、有意义的数据实体和适当的服务链接到图数据结构中的原则，知识图谱被用于描述任何分布式图数据和元数据系统。支持微软必应知识卡的知识图谱可以追溯到人工智能研究的早期，那时开发了许多系统，使机器能够理解数据的含义，人们统称这类系统为语义系统。

1. 语义系统

知识图谱大量使用语义网（semantic network）。顾名思义，语义网是一

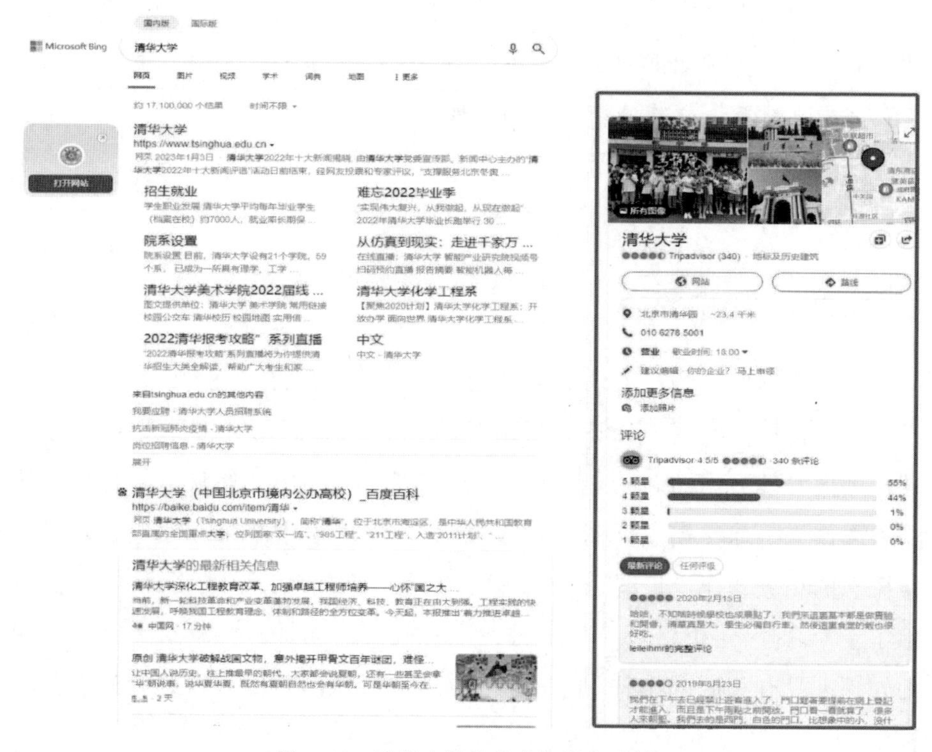

图 3.12 清华大学的必应知识卡示例

个有意义的概念网络。概念被赋予有意义的名称，它们之间的联系也是如此。图 3.13 显示了一个关于动物及其属性、分类和环境的语义网示例。各种动物通过标记链接相互关联。语义网背后的思想是：某一领域的知识可以以这种形式表达，并用于提高专家系统和其他任务的性能。

语义网已经发展成为基于框架的系统，其中区分了表示模式和这些模式的单个成员。图 3.12 中的微软必应知识卡就是一个例子：任何组织机构都会有电话、地址、网址、评论等。所有组织机构的模式为表达特定组织机构的信息提供了一个“框架”。

1995 年前后，数据管理的意识发生了一场巨大的革命，大约是在万维网向公众开放的时候。在此之前，数据存储在数据中心，需要前往某个地方或运行某个应用程序来访问数据。但随着网络的出现，人们对数据的期望从集中转向分散，每个人都希望所有数据都可以在任何地方获得。在网络中，

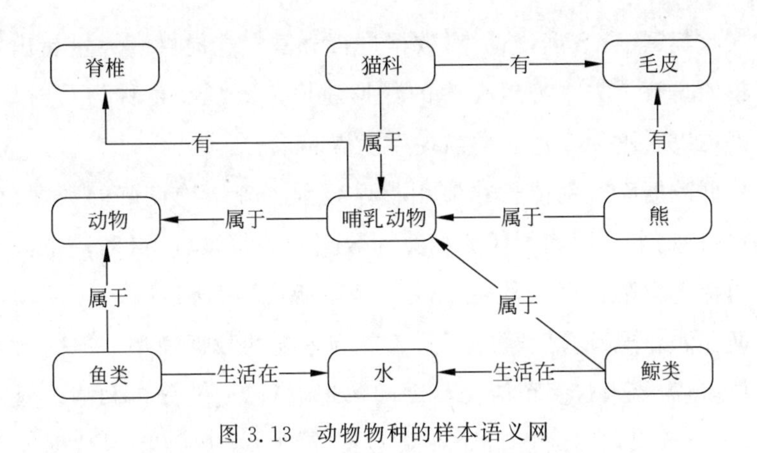

图 3.13　动物物种的样本语义网

不需要去任何地方查找数据，通过互联网，数据就来了。

语义网和基于扩展框架的系统被设定为快速进入基于互联网的时代，并在万维网联盟(W3C)的帮助下以语义网标准的形式实现了这一目标。从基于框架的系统到语义网是一个相对容易的过程，底层语义网简单地扩展为基于 Web 互联网的分布式关系。语义网开启了知识图谱概念的两个基本方面：第一是起源就是网络，第二语义网本质上是一种图数据表示。在语义网中组织信息的框架模式提供了关于如何重用数据的知识的明确表示。此外，语义网本身就在网络上，并在全球范围内分布。因此，语义网被称为分布式知识网。

2. 数据表示

信息革命的驱动力之一是计算机存储和管理大量数据的能力，从早期开始，数据库系统就是企业信息技术的主要驱动力。早期的数据管理系统基于人和机器如何组织数据之间的协同作用。当人们自己组织数据时，会强烈推动以表格形式管理数据；类似的事情应该用类似的方式来描述。例如，图书馆索引卡都有书名、作者和杜威十进分类法，每个客户都有联系地址、姓名、订购物品列表等。同时，以关系型数据库(RDBMS)的形式处理有序、分组和链接的表格数据的技术快速、高效且易于优化。这导致了这些数据系统的营销词汇，称“它们在表格中工作，就像人们的想法一样！”。事实证明，表格可以适用于多种分析方法，因为在线分析处理系统允许分析师以各种方式收集、整合数据,然后对数据进行分割。这提供了大量超出初始离散数据集的见解。关系型数据库的数据建模范式现在也称为写时模式,是基于数据可以表示为互连表的前提而发展起来的。

关系型数据库特别擅长在应用程序级别管理结构良好的数据,也就是说,管理与特定定义明确的任务相关的数据和关系,以及帮助一个人完成特定任务的特定应用程序。其主要缺点是灵活性差,这是因为必须预先设计方便数据存储和支持检索数据所需的查询需要的数据模型。但随着企业应用越来越多,需要来自多个应用程序的数据进行聚合、分析和战略规划。因此,企业已经意识到需要进行企业级数据管理。扩展关系型数据库方法以解决累积的企业级数据的努力在数据报告技术上达到了顶峰,该技术被称为企业数据仓库(enterprise data warehouse,EDW),其基础是将大量表打包到一个地方进行一致管理,这类似于将大量货物打包到仓库。企业数据仓库(EDW)的部署不如面向事务的应用程序(online transaction process,OLTP)中的表格表示法那样广泛,因为需要较少的企业数据仓库来扫描来自许多应用程序的数据操作。然而,由于高成本、高风险、不灵活及对实体丰富的数据模型的支持非常差,企业数据仓库需要更多、更复杂的实施工作。尽管存在这些问题,企业数据仓库仍然是用于报告和分析的大规模结构化数据集成的最成功的技术。看到企业数据仓库弊端的数据管理者开始对其主导地位做出升级。最终,这场运动被命名为 NoSQL,吸引了那些对数据管理中普遍存在的表格表示形式感到失望的人,以及那些希望超越 SQL(一种用于表格表示的结构化查询语言)的人。NoSQL 这个名字似乎预示着一种新的方法,一种根本不使用 SQL 的方法。很快,NoSQL 的拥护者意识到,无论他们想象的是什么样的数据未来,SQL 确实有一席之地。"NoSQL"被重新定义为"不仅仅是 SQL",以允许其他数据范例与 SQL 一起存在,提供互操作,并可使用流行的商业智能软件工具。NoSQL 运动包括各种不同的数据范式,如文档存储、对象存储、数据湖,甚至图数据存储。这些技术很快就受到了数据支持应用程序开发人员和数据科学家的欢迎,因为它们能够快速开发和部署应用程序。企业数据专家马丁·福勒(Martin Fowler)推测,这些数据存储方式在开发人员中的流行在很大程度上源于这样一个事实：这些无模式存储允许开发人员围绕业务分析师和企业数据管理者进行最终的运行，他们希望保持对企业数据的控制。为了使用传统的关系数据库和建模工具，这些数据管理工具需要正式的数据模式、受控的词汇表和一致的元数据。无模式数据系统提供了强大的数据后端，无需企业级的监督。这对于开发人员来说是很好的，他们经常因为模型的僵化和困难而感到沮丧。尽管关系型数据库模式提供了复杂的表示，但对于企业数据管理者来说并不是那么完美。

NoSQL 运动导致了大量数据备份应用程序，以牺牲企业对管理企业的数据和应用程序的理解为代价。同样，数据科学家发现，更适合海量数据的 NoSQL 系统，如 Hadoop 或 HDFS 存储，是快速、直接的方式，如果他们能够找到所需的数据，就可以访问这些数据，而不是等待数据最终进入企业数据仓库(EDW)。Hadoop 或 HDFS 存储的这类方法通常被称为"读取时的模式"。

3. 知识图谱

NoSQL 运动，以及它难以驾驭的下一代——数据湖，在许多方面是对传统企业数据管理方法的缓慢、高成本和僵化所带来的沮丧和怀疑的反应。在一些企业中，甚至出现了彻底的拒绝和反叛，"数据仓库"一词及随之而来的其他一切都被企业严格禁止。从数据消费者的角度来看，企业数据管理系统往往是发现和访问所需数据的障碍。当然，以下场景需要并支持企业数据管理系统：

(1) 政府管理有关家庭生活的各种文件，如结婚证、出生证、公民身份记录等。在这种管理中内置了这些信息结构背后的假设，例如，一个家庭由两个父母、一个男人和一个女人及零个或多个孩子组成。人们如何确保现在的所有系统都符合政策？未能做到这一点意味着某些系统违反了法律规定。

(2) 一家大型工业制造公司希望在产品的整个生命周期(从研发开始到制造，再到在现实世界中的运营)中为客户提供全面的支持。这种试图支持以前不可能的分析和操作用例，需要集成以前从未考虑过的资源。

(3) 数据安全法、个人信息保护法和网络安全法等数据隐私法规包括

"被遗忘权"。个人可以要求企业从其所有数据系统中删除个人身份信息(PII)。企业如何向请求者及政府监管机构保证其能够遵守此类请求？即使人们能够说出个人身份信息的构成，人们也需要知道它在企业数据中的位置，哪些数据库包括姓名、出生日期、母亲婚前姓名等。

(4) 一家零售公司收购了其竞争对手之一，获得了一个庞大的新客户群。在许多情况下，他们实际上不是新客户，而是两家原始公司的客户。人们如何识别客户，以便确定何时合并这些客户。人们所掌握的关于这些客户的信息是如何相互对应的。

(5) 一个工业贸易组织希望促进其行业成员之间的合作，以改善整个行业的工作方式。这方面的例子很多，如在法律上，美国 West Key 系统允许对法律文件进行精确和准确的索引，以便以统一的方式适用法律。UNSPSC(联合国标准产品和服务规范)帮助制造商和分销商在全球范围内运送的产品统一规范化，GICS(全球行业分类标准)代码允许银行和融资机构跟踪公司在哪个行业运营，以支持各种应用。人们如何以一致和可重用的方式发布此类信息？在所有这些情况下都有一个共同的主题，仅仅有数据驱动应用程序是不够的。相反，人们需要了解数据的结构、位置和治理。需要了解数据可能是出于监管目的，甚至只是为了更好地了解企业的客户和产品。仅仅知道一些事情是不够的，敏捷企业必须知道它知道什么。乍一看，人们这里似乎有矛盾的要求。如果人们想实现敏捷的数据集成，需要能够在没有企业数据标准束缚的情况下工作。如果人们要求一个应用程序了解另一个应用的所有需求，数据管理将削弱应用程序开发。在很大程度上，这种动态甚至只是这种动态的出现，正是促使人们对 NoSQL 如此感兴趣的原因。另外，如果人们想知道自己所知道的，并能够应对动态的商业世界，需要对企业数据有严格的理解。知识图谱能够支持敏捷开发和数据集成，同时连接整个企业的数据。在 3.2.2 节，将详细介绍知识图谱的细节，首先查看数据的图形表示的独特特征，检查如何显式表示和管理知识。然后，展示如何将这两者组合成知识图谱。最后，将展示知识图谱如何完美地支持人们对可扩展企业数据管理的思考方式的数据编织的愿景。

3.2.2 数据与图谱

在“图数据”的上下文中，人们所说的“图”是什么意思？什么时候当你听到或读到“图”这个词时，你可能会回想到上学时在学校，你学习了如何绘制函数的图表，以及如何在今天的商业中使用可视化图表。从一个简单的折线图开始，在 x 轴和 y 轴上绘制点。在“图数据”的上下文中，这不是人们所讨论的那种图形。数学中有一个分支叫作图论，它处理称为图的结构。从这个意义上说，图是一个集合，通常称为节点集合，通过链接（有时称为边）连接在一起。这种结构的一个优点是你可以画出反映图中所有信息的图表达形式。图 3.13 中的语义网是一个图的例子；节点是网络中的动物类型，边（带有“属于”和“生活在”等关系标签）将它们连接在一起。每当表达两件事之间的一些关联数据时，如公司和它生产的产品，图结构以自然、关联的方式表示数据的能力是显而易见的。通常可以在一张纸上画图结构的网络来表示上述数据内容，会遇到的唯一的问题是，可能不得不让一些“边”互相交叉。即使是简单的数据，也可以这样将数据与图关联起来：一个人和他的出生日期之间的关系，或者一个国家和它的标准号码之间的关系。

图和其他熟悉的数据表示之间存在着自然的关系。考虑一个可能来自个人用户数据库的简单表，见表 3.1。日期和名称是纯数据，关系用引用表示。例如，“母亲”列中的 002 指的是第二行中描述的人（李四妹）；“父亲”列中的 003 是指第 124 行中的人。

表 3.1　熟悉形式的简单表格数据

ID	名	姓	母亲	父亲	出生日期	死亡日期
001	小宝	张	002	003	06/07/1979	—
002	四妹	李	112	137	02/02/1955	07/03/2018
003	三峰	张	347	368	01/02/1949	03/06/2010

可以将其理解为描述三个人，通过第一列来识别他们。每个单元格反映了关于他们的不同信息。如图 3.14 所示，可以以一种简单的方式在图中反映这一点。

图数据的力量，以及使其在 20 世纪 60 年代受到人工智能研究人员和

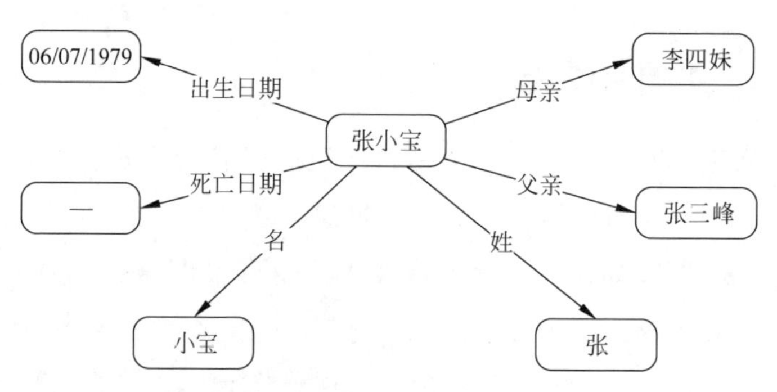

图 3.14　表 3.1 相同数据的可视化方式表示图可视化显示

今天的开发人员欢迎的原因是图不限于特定的形状，正如在图 3.7 中看到的，一个图可以以多种方式连接不同类型的事物。图的结构没有限制，可以包括循环和自引用，多个链接可以指向同一资源，也可以来自同一资源。具有不同标签的两个链接可以连接相同的两个节点。有了图数据，就没有了数据表示的极限。

1. 图的特征

图数据表示有什么特别之处？特别是，与表等更经典的数据表示相比，它们有什么特别的地方？

图数据表示可以从各种数据源快速构建图，图数据的基础是人们以某种特定的方式表示一个实体与另一个实体的关系，这种简单的表示对其他形式的数据具有广泛的适用性。如图 3.14 所示，可以将表格数据映射成可重复的、直接的形式，可以对电子表格中的结构化数据、关系和非关系数据、JSON 文档、XML（包括 HTML）中的半结构化数据、CSV 及任何其他数据格式进行类似的转换。技术的突飞猛进让人们可以从最复杂的数据类型，如文本和视频中提取有意义的信息。图表示为这一点提供了理想的归宿，这也是一种数据，因为图可以将复杂来源中发现的类型、属性和关系用完全一致的方式描述各种各样的实体。

像树和文档这样的递归结构很难用表格格式表示，像社交网络这样的循环结构很难在 JSON 和 XML 文档中呈现，而丰富、复杂的数据很难用表格样式的方案表示。图是一种通用的数据表示，从这个意义上说，可以在图形中表示和快速组合任何喜欢的数据结构，反之亦然。

图表示网络结构，许多重要的数据源天然就是图网络数据。社交网络的名称中甚至有“网络”一词，它们自然地表现为个人之间的联系，第一个人与第二个人相连，第二个人与第三个人相连，依此类推。当然，每个人都与许多其他人相连，人们可以通过多种方式联系(a 认识 b，a 是 b 的密友，a 与 b 结婚，a 是 c 的父母，a 与 d 在同一个董事会任职，等等)，如图 3.15 所示。

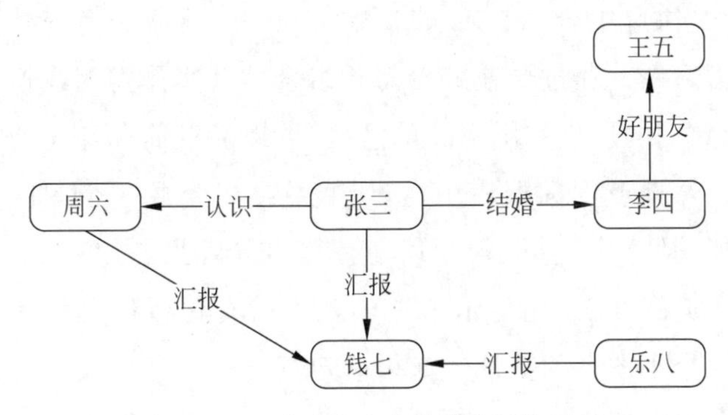

图 3.15　一些虚构人物的社交网络示例

几乎所有的数据都可以表示为一个图，因为任何描述了许多不同概念或实体类型的数据都是一个自然网络，这些概念或实体之间的关系将它们联系起来。许多小图可以合并成一个大图。

如果分布式数据系统能够将来自不同来源的数据组合成一个连贯的整体，那么它是最有价值的。在基于表的数据系统中，组合来自多个表的数据会带来许多问题，其中一个问题与表中所包括的列数有关(表 3.2)。

表 3.2　涵盖了一些常见信息的两张表

名	姓	电话
三	张	13912345678
四	王	13912345679
五	李	13912345670
六	孙	13912345669

名	姓	邮件	账号类型	状态
七	朱	13911116758@139.com	高级	无效
八	周	13911234587@139.com	基本	有效
九	乐	13911235758@139.com	中级	有效

人们如何排列行和列？表 3.2 和表 3.3 显示了一些问题。这两个表包含有关人员的信息，如何合并它们？这带来了许多问题：列何时引用同一事物（在本例中，“名字”和“姓氏”显然是两个表中的相同列）？什么时候指的是同一个人（第一张表中的“张三”可能不是第二张表中的“张三”）？当列不匹配时，应该如何处理它们在最后的位置？所有这些问题都必须在有新的工作表之前解决。正如前面提到的，因为图数据表示在现实生活中是如此普遍，所以它是快速组合来自不同来源或格式的数据的完美数据表示。这是图的超能力之一。通过快速减少需要组合到其实体类型或概念中的所有数据集，以及它们的属性和图形式的连接，可以通过简单地将所有数据合并或加载到同一文件或图数据库中，将所有数据组合成一个图网络表示。人们甚至不需要画两个数字。图 3.16 显示了几个小图表，表 3.3 中每个人都有一个图表。但图 3.16 还显示了一个包含所有这些信息的大图表。一个大图形只是几个小图形的叠加。如果确定“张三”在两个表中都是同一个人（如图 3.16 所示），那么可以很容易地在图形表示中反映出来（图 3.17）。

表 3.3　不易组合表格

名	姓	电话			
三	张	13912345678			
四	王	13912345679			
五	李	13912345670			
六	孙	13912345669			
名	姓		邮件	账号类型	状态
七	朱		13911116758@139.com	高级	无效
八	周		13911234587@139.com	基本	有效
九	乐		13911235758@139.com	中级	有效

在合并两个或多个图形后，可能需要处理新图形以创建连接图形实体实例（节点）的其他链接属性（边），从而将图形中的数据进一步集成为一个组合网络。可能还希望检测图中的哪些节点表示完全相同的内容，并通过合并它们的属性和链接来消除它们的重复数据，或者简单地在它们之间创建一个链接来记录它们是相同的图。如果以后要向图形中添加其他数据，只需重复该过程即可。没有任何其他数据表示方式能够促进这种灵活、快速的方式将数据快速拼接在一起，并随着时间的推移扩展这种集成。这样

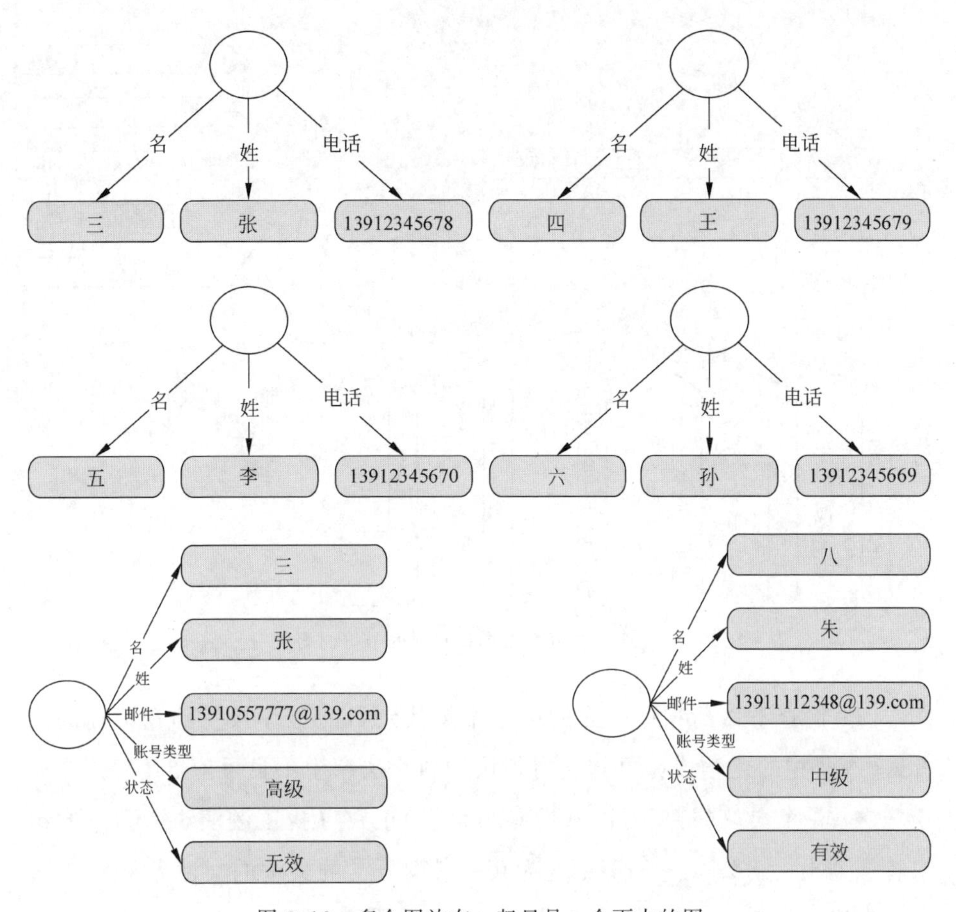

图 3.16　多个图放在一起只是一个更大的图

做的回报是可观的。

2. 图可以匹配复杂的模式

许多业务问题涉及描述数据实体之间的复杂关系。每个领域都有大量此类问题的例子。

(1) 一家在线服装店想知道它提供的外套类型,它有一件内衬棉、合成填充物和防水外层的外套吗？不要与带有合成衬里、棉填充物和防水外层的外套混淆。

(2) 银行希望找到至少有三个账户的客户：储蓄账户、支票账户和信用卡账户。这些账户中的每一个都必须显示其超过一周的最近活动。

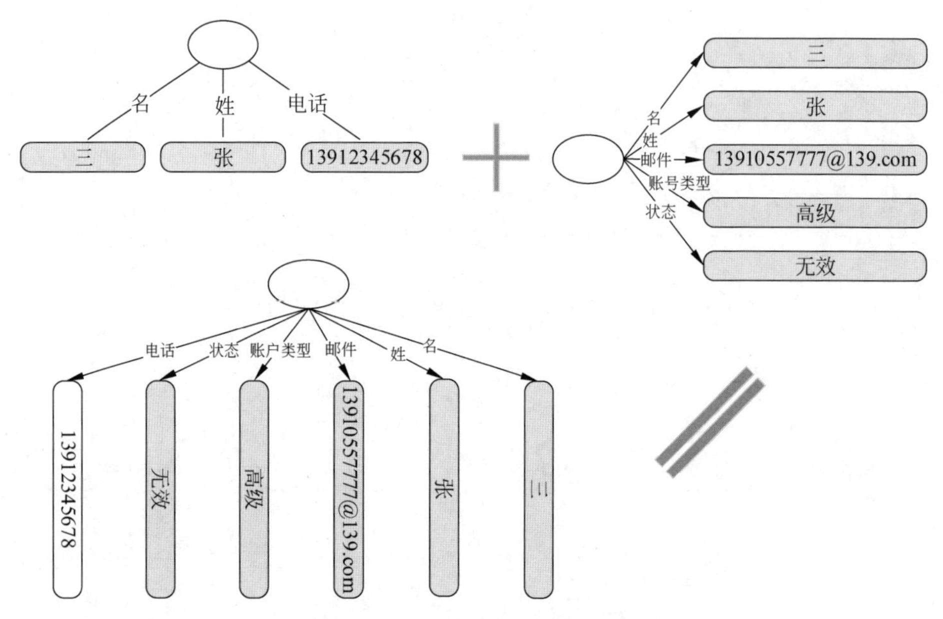

图 3.17 当两个图具有共同的节点时合并

(3) 检查不良药物适应症的医生希望找到目前正在接受药物治疗的患者,这些药物的化学成分已知会对拟议的新疗法产生不良反应。

(4) 一个会议(希望促进女性参与科学)正在寻找主题演讲人。它的组织者想列出一份发表过一篇主题为某一科学分支的文章的女性名单。

表格数据系统(如关系数据库)使用可能是最熟悉的方法进行查询。给定一个想回答的问题,可以从数据库中选择一些表,并指定组合它们以创建新表的方法,即新表来回答新问题。

图数据系统的查询方式非常不同。像往常一样,从想回答的问题开始,写下表达这个问题的模式,模式本身也是一个图形。例如,可能会写道:“给我找一个患者,他患有一种药物治疗的疾病,该药物的成分已知会与我提出的治疗方案相互作用。”如图 3.18 所示。这个模式本身就是一个图,即实体之间的一组关系。图数据系统可以有效地将这类模式与非常大的数据集进行匹配,以找到所有可能的匹配。

图可以追踪深层路径。在许多网络设置中,了解实体之间的连接非常有用。例如,在社交网络中,你可能想“找到我所有的朋友”。复杂的任务是

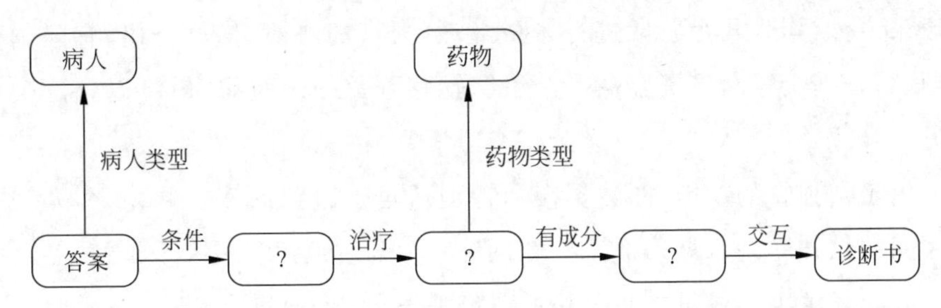

图 3.18　"一位患者,患有一种药物治疗的疾病,该药物的成分已知会与提议的治疗药物相互作用"显示为图形表示

"找到我朋友的所有朋友",更复杂的是"找到朋友的所有好友"。著名的游戏"凯文·培根的六度"挑战玩家从某个演员那里找到联系,如果两个演员一起出演了电影,他们就会联系在一起。在图网络中,这可以被表述为"从凯文·培根开始,找到六层连接的连接等"。这类问题可以找到与给定种子项目密切相关的所有项目,找到连接项目的邻域。

追踪深层路径也可以反过来工作。给定一个社交网络中的两个人,一个图数据系统可以找出他们之间的距离,甚至可以告诉他们之间的所有联系步骤:这个人是如何与该公司联系的?这种药物与这种情况有什么关系?对这些问题的回答采取了从一个实体到另一个实体的长路径连接的形式。针对表格系统回答同样的问题,则必须组成单独的 SQL 查询来测试可能存在的每种可能类型的关系。

3. 图的用例

以上提到的所有特性都为数据工程师和应用程序开发人员提供了当前流行的图数据表示。由于使用过去 30 年中流行的数据方法(大多是基于关系的),这些特性中的许多是不切实际的,甚至是不可能的,因此创新的 IT 专业人员转向图数据来提供这些特性。但是什么推动了这一转变?他们想解决的一些问题是什么?我们将在下面描述其中的一些业务使用场景。

1) 反欺诈

在今天的金融业中,反欺诈是一项涉及庞大金额的业务功能。令人惊讶的是,所谓的不良行为者在合法的银行系统中隐藏了大量的不义之财。尽管在侦查和管理欺诈方面有广泛的规定,但只有很少一部分案件被发现。

一般来说，欺诈分几个阶段进行，通常涉及大量的法律组织（公司、有限责任公司、信托基金等），将资金从一个组织转移到另一个组织，最终以合法的方式返还给原始所有者。

由于其独特的功能，图数据表示特别适合于跟踪欺诈。首先，个人和公司之间的已知联系自然形成了一个网络；一个组织拥有另一个组织，一个特定的人担任董事会成员或是公司的高级职员，个人通过家庭、社会或职业关系相互关联。追踪欺诈使用所有这些关系。

其次，金融调查人员熟知某些欺诈模式。这些模式可以用图形查询以直接的方式表示，通常包括深层路径：一家公司是另一家公司的子公司、部分所有者或控制方。打击欺诈活动需要找到这些漫长的路径，匹配某种模式。

最后，这些模式中涉及的数据通常来源多样，这些数据与其他公布的信息（公司注册、董事会成员、公民身份、逮捕记录等）相结合，提供了检测欺诈所需的链接。图数据在金融领域的应用已经取得了许多成果，而这些成果使用传统的数据管理技术是不可行的。

2）协同过滤

在电子商务中，能够确定特定购物者可能购买的产品是很重要的。向秃顶男子宣传梳子或向青少年宣传尿布不太可能带来销售。通过对产品和客户进行分类，可以避免此类错误，目标明确的促销更有可能有效。

解决这个问题的一种成功方法叫做协同过滤。协同过滤的理念是人们可以通过检查其他客户的购买习惯来预测一个客户会购买什么。购买 A 商品的客户也购买了 B 商品。你买了这件，也许你也喜欢那件？图数据使得协同过滤变得更加容易，除了基于常见购买进行过滤之外，还可以基于更精细的模式进行过滤，包括产品的特征（品牌名称、功能、风格）和购物者的信息（所述偏好、某些组织的成员资格、订阅）。用基于图形的表示，可提供高质量的协同过滤所需要的复杂数据模式，就像欺诈一样，协同过滤中使用的大部分数据都在电子商务系统之外；产品信息、品牌细节和用户统计数据都是必须集成的分布式数据的示例。

3）跨临床试验数据协调

在制药行业，药物发现是许多创新的源泉。但从头开始研发一种新药既危险又昂贵，在许多情况下，通过寻找新的用途或减轻已知的不良影响，重新利用现有药物会更有成效。在这些情况下，已经有大量数据可从早期对该药物的调查中获得。这些数据来自早期的FDA文件、内部研究或外包研究。无论现有药物的调查历史如何，有一点是肯定的：将有数千个不同年份和格式的相关数据集。虽然这些数据集在概念上相对相似，但它们各自的细节不同，使得传统数据集成技术的应用不可行。

将这些数据集表示为图数据使得将不同的实例数据和非技术元数据对齐到一个统一的模型中变得更加实用。这反过来大大减少了在现有药物的新医疗用途研究中重复使用所有可用数据所需的工作量。

4）身份解析

身份解析本身并不是一个使用用例，而是图数据的高级功能。身份解析的基本问题是：当组合来自多个源的数据时，需要确定一个源中的身份何时引用另一个源的相同身份。人们怎么知道一张表里的张三指的是另一张表里的同一个张三？在前面的例子中，利用他们同名的事实来推断他们是同一个人。显然，在大规模数据系统中，这将不是一个稳健的解决方案。如何判断两个实体何时确实相同？一种方法是组合来自多个来源的交叉引用。假设有一个来源，其中包括个人的身份证号码及他们的护照号码（如果他们有）。另一个数据源包括身份证号码及员工编号。如果将所有这些结合在一起，就可以确定张三（具有特定护照号码）与身份证号码的张三是同一个人（具有特定员工号码）。在确定一个人或一家公司的身份之前，这种交叉引用需要经过几个步骤，这并不罕见。

身份识别在欺诈（如何确定资金已返还给开启欺诈之路的同一个人？）和欺诈检测（通常，欺诈涉及伪装成不同的实体以误导他人）中有着明确的应用。药物发现也出现了类似的问题：如果想重复使用多年前的实验结果，能保证测试是在今天研究的同一种化合物上进行的吗？身份解析也对于内部数据集成非常重要。如果想在一个地方收集有关客户的所有信息，需要跨多个系统解析该客户的身份。身份解析要求能够合并来自多个源的数据并跟踪数据中的长路径，图数据非常适合这一要求。

4. 图标准化

图技术在应用程序开发、数据集成和分析方面的优势取决于其组合分布式数据集和匹配结果数据集中长链接的复杂模式的基本功能。但分布式系统通常不局限于单个企业，许多相关数据在行业层面、企业与研究机构之间、某些标准或监管机构与企业之间共享。下面是一些常见的外部行业数据的例子。

(1) 国家和地区

虽然一些国家的国际地位存在争议，但大多数国家都有公认的国家名单。其中许多国家都有分支机构(美国的州、加拿大的省、瑞士的州等)。如果想提及公司或客户的管辖区，应该参考此列表。自己维护这些数据没有好处，国际标准组织(如 ISO 和 OMG)已经在管理这些问题。

(2) 行业代码

国家统计局保存了一份名为全球行业分类标准(global industry classification standard，GICS)的清单。这是一个公司可能参与的行业列表。GICS 代码有多种用途，例如，银行使用它们来更好地了解客户，融资代理使用它们来为项目寻找合适的候选人。

(3) 产品分类

联合国标准产品和服务代码 UNSPSC 是一套描述产品和服务的代码，被许多商业组织用来将产品与制造业和客户相匹配。

所有这些示例都可以从图表示中受益，它们中的每一个都是以一般类别(或国家，在地理标准的情况下)的多层层次结构构成的一个很好的例子。就 GICS 和 UNSPSC 而言，层次结构有几个层次。这是典型的行业标准，有数百甚至数千个编码实体，以及一些组成它们的结构。

由于数以万计的公司使用这些外部控制的参考数据结构，因此需要将其作为共享资源发布。在许多情况下，这些文件都是以常见但非标准的格式发布的，如逗号分隔的文件。但是，如果想以一致的方式表示标准化数据，人们需要一种标准的图表示语言来记录图数据。对这种图表示标准语言，提出以下要求：

① 保存和读取图数据

这是任何语言的基础，任何语言都必须能够表示一些记录下来并存储的内容，而且还能够被阅读提取。图表示语言必须能够对图数据进行读写两种操作。这种简单的功能支持多种治理活动，包括基本共享（例如，在电子邮件中向某人发送图表，就像人们习惯于在电子邮件中相互发送电子表格或文档一样）、发布（将图表存储在其他人可以阅读的公共场所）、重复使用部分（将一个图的一部分复制到另一个图中，人们习惯于使用电子表格和文档）、持续开发（保存图形的一个版本，处理它，保存新的图形，然后继续处理它，就像人们习惯于处理电子表格和文档一样），以及在更受控的设置中，版本控制（知道图形如何从一个版本更改到下一个版本、是谁进行了更改，以及在进行更改时他们在做什么）。有一种将图保存到文件中并再次读取的方法，有助于实现所有这些熟悉的功能。

② 确定两个图是否相同

为什么知道两个图是否相同很重要？这实际上是任何数据发布的基础。如果我发布了一个图表，然后你阅读了我发布的内容，你真的得到了我发布过的相同的图表吗？这个问题的答案必须是“是的”，否则人们在出版上就没有忠诚度，我出版任何东西，或者你读它都没有意义。

这个看似简单的要求是许多其他要求的基础，而且非常微妙。以图 3.19 为例，图(a)看起来应该很熟悉，它与图 3.13 中的图表相同，描述了各种动物之间的关系及其特征。图(b)也是如此。但是它们的布局不同：图(a)更紧凑，并且适合页面上的一个小空间。图(b)将动物（所有动物都通过标记为“属于”的链接相互关联）与动物的身体特征（毛皮、脊椎）和栖息地（水）分开。尽管布局不同，但将这两个图视为“相同”似乎是明智的。但它们真的是这样吗？图形表示必须能够明确地回答这个问题。当人们以标准格式表示这两个图时，它们确实是相同的。

③ 技术独立性

当企业投资于任何信息资源文档时，信息、数据和软件的一个重要的问题是底层技术的持久性。在可预见的未来，企业业务是否将继续受到所使用的技术的支持，如果继续得到支持，是否将会与特定的技术联系起来。如果企业业务改变，在将数据移动到竞争对手的系统时，能够避免供应商潜在的滥用定价或条款吗？

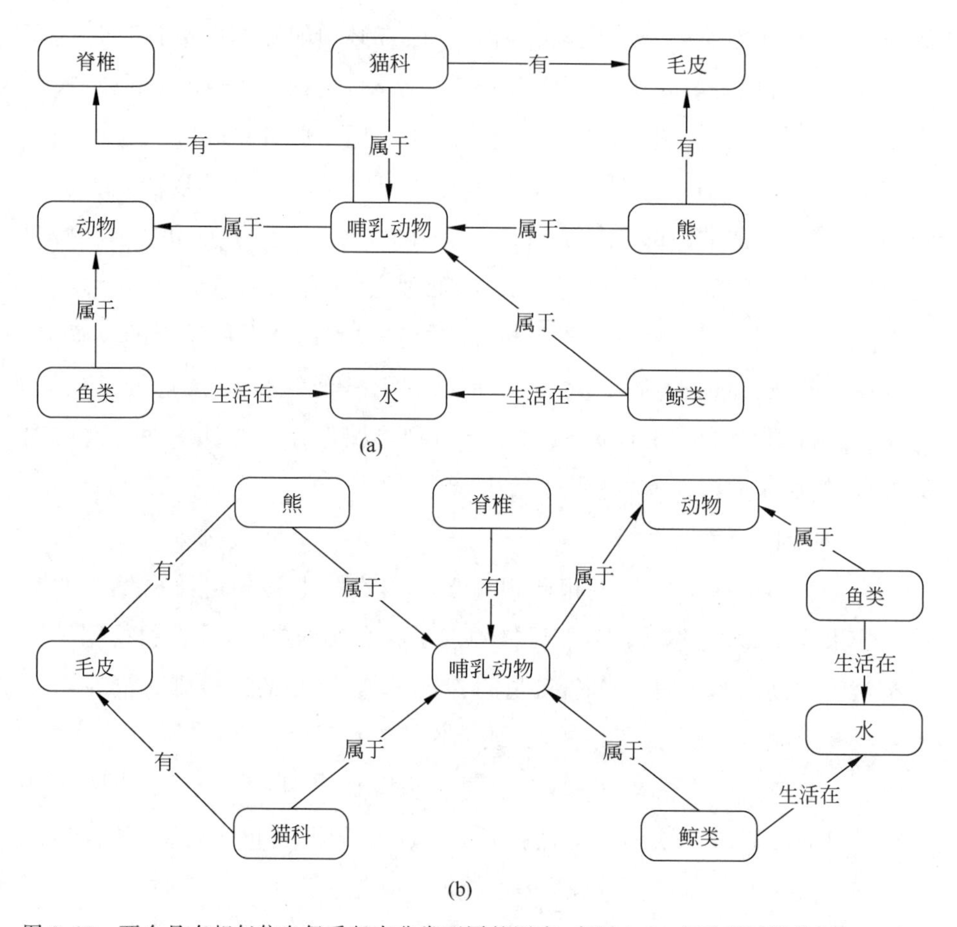

图 3.19　两个具有相似信息但看起来非常不同的图表，在图 3.13 中看到了部分图 3.19(a)。图 3.19(b)部分与图 3.19(a)部分具有完全相同的实体之间的关系参考。应该用什么标准来说明这两个是“相同的”图？

对于许多数据技术来说，这种灵活性在理论上是可能的，但在实践中是不可行的。将一个关系数据库系统从一个主要供应商转移到另一个供应商是一项繁重而危险的任务，可能耗时且昂贵。另外，如果有一种标准的方法来确定一个系统中的图形何时与另一个系统的图形相同，并且有一种将图形写下来并再次加载的标准方法，那么就可以在保证保真度的情况下将数据从一个供应商传输到另一个供应商。在这样的市场中，供应商在功能、性能、支持、客户服务等方面展开竞争，而不是在锁定技术方面展开竞争。

④ 发布和订阅

在许多情况下，共享数据比保存数据更有价值。科学数据即是如此：关于人体生物化学如何工作的数据有助于开发新疾病的治疗方法。世界各地的制药公司都有自己的研究课题，他们将这些课题与一般科学数据相结合，创造出新药。如果不能分享这些数据，可能会延缓救命疗法的发展。

即使在非科学领域，数据共享也能提高行业绩效。行业监管依赖于企业与监管机构共享数据。监管机构可以在共享数据的帮助下对错误行为（如欺诈和盗窃）进行调查。

标准化的数据表示使得发布数据成为可能，就像人们习惯于在文档中发布研究结果一样。与为向监管机构报告和公开声明制定隐私和安全政策的方式类似，也可以对发布的数据进行同样的处理。一旦可以将数据写入文件，并有标准的方法将其读回到各种系统，就可以共享数据，就像人们已经习惯于共享文档一样。与共享文档相比，共享数据的优势在于数据消费者可以将其用于新用途，从而使数据的价值超出数据生产者的想象。

5. 资源描述框架

为了支持标准化数据的所有这些优点，万维网联盟（W3C）开发了一种管理图形数据表示的标准，称为资源描述框架（resource definition framework，RDF）。资源描述框架标准建立在互联网已经熟悉的标准之上，将其扩展到包括图形数据。本节的目的不是提供 RDF 工作的全部技术细节，而是介绍 RDF 的基础知识，以及它如何提供共享数据管理功能（更多信息，请参见 https://www.w3.org/RDF/）。考虑分布式图数据管理系统的一个基本功能：确定两个图何时相同。这种能力的基础是确定两个实体（两个图中的每一个）何时相同。在图 3.20 中的示例中，假设图（a）中的“猫”与图（b）中的“猫”相同。如果想精确地描述图形的相同性，需要一种方法来指定一个实体，而不依赖于它所在的图形。幸运的是，网络恰恰提供了这样一种机制，被称为 URI（统一资源标识符）。任何使用过网络浏览器的人都熟悉 URI，这些链接（也称为 URL 或统一资源定位器，URI 的一个子形式）是用来识别位置的链接 Web 上的选项，例如，https://www.oreilly.com 或 https://www.w3.org/TR/rdf11-rimer。它们通常以 http://开头，并包含足够的信息来唯一标识互联网上的资源。

在资源描述框架中，每个图中的每个节点都表示为 URI。图 3.20(a)取自语义网日期，但其中的标识符可以很容易地更新为 URI；图 3.20 中的"猫"可以扩展为 http://www.example.org/Cat 使其符合网络标准。在互联网基础设施中，无论在何处使用，URI 指的都是同一事物，这使得 URI 成为唯一标识实体的好方法，无论它们出现在图中哪个位置。

接下来，RDF 标准指定由 URI 标识的资源如何在图中连接。RDF 通过将图分解为最小的部分来实现这一点。最小的可能图形只是通过一个链接连接在一起，也由 URI 标识。因为它总是由三个 URI(两个实体和它们之间的一个链接)组成，所以图的最小部分称为三元组。可以将任何图分解为三元组。如图 3.20 所示，图(b)显示了图(a)是如何由 6 个非常简单的图组成的。

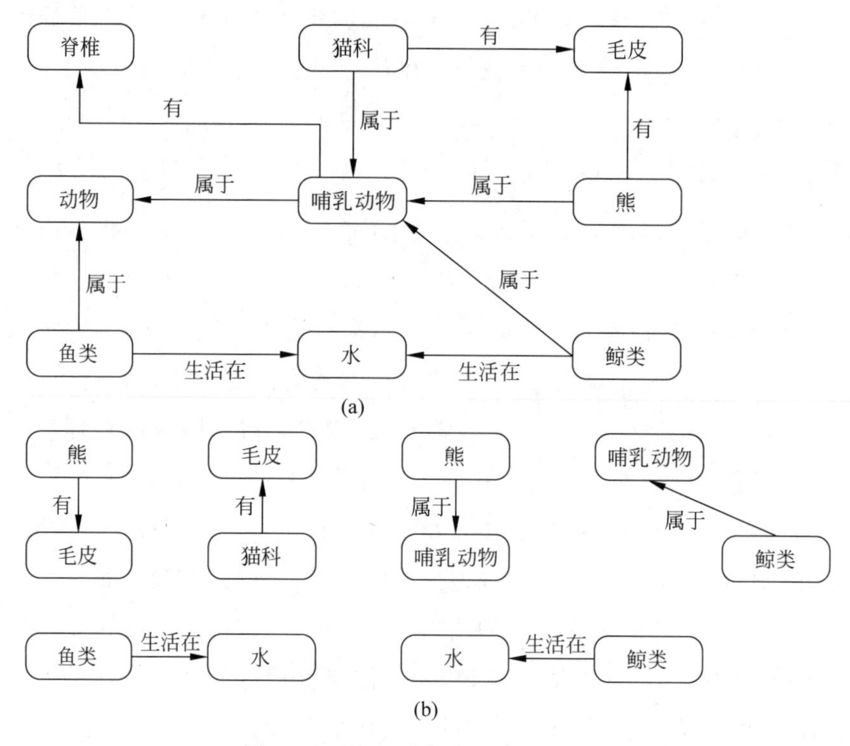

图 3.20 图 3.13 细分为最小的部分

一旦确定了三元组，就可以按任意顺序对它们进行排序，如图 3.21 所示，而不影响图形的描述。图 3.20(b)中的每个组件图由正好由一个链接连接的两个节点组成。当合并在一起时，图 3.20(b)中的 6 个非常小的图表示与部分图 3.20(a)中的单个复杂图完全相同的数据。

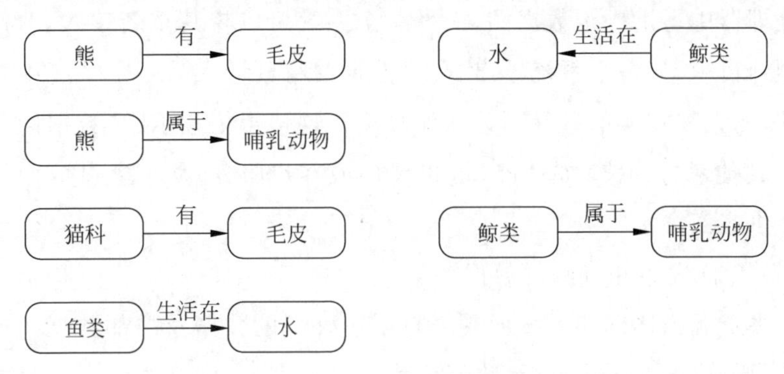

图 3.21　三元组可以按任何顺序列出

RDF 通过标识每个节点和带有 URI 的链接(即 Web 全局标识符)来表示一个图，并将图分解为最小的部分，即三元组。

6. 验证数据

简单的三元组结构实现图标准化的优点如下：

(1) 帮助确定两个图形何时相同

如果两个图由相同的三元组组成，则它们完全相同。为了使两个三元组相同，连接实体的 URI 必须相同，并且必须使用相同的链接将它们连接在一起。假设节点都相同，图 3.20 中的两个图实际上是相同的，例如，图 3.20(a)中的“猫”具有与图 3.20(b)中“猫”相同的 URI，依此类推。

(2) 允许保存和读取图形

资源描述框架标准包括许多序列化标准或格式，也就是说，采用系统化的方式来记录图表。上述均基于三元组完全且唯一地描述了图，所以如果写下三元组，就已经写下了图。最简单的序列化策略是按照箭头所示的顺序将每个三元组写为三个 URI，如图 3.20 所示的 6 个三元组。有几种标准序列化为各种技术基础设施提供方便，其中包括 XML、JSON 和纯文本的序列化。不同的序列化不会改变图形的内容，就像用草书和印刷品写同一句话，它们看起来很不同，但意思完全相同。

（3）实现技术独立性

资源描述框架标准是在大多数 RDF 处理器编写之前完成的。因此，RDF 系统的市场非常统一，每一个基于 RDF 的系统都可以在任何 RDF 标准化处理器中写出一个数据图，而另一个系统可以将其重新读入。事实上，在小型项目中，从一个系统导出 RDF 数据并将其导入另一个系统中是非常典型的，而无需转换信息且不丢失保真度。这使得依赖 RDF 数据的公司可以基于其他考虑因素（如性能、可扩展性或客户服务）从一个供应商切换到另一个供应商。

（4）允许发布和订阅图数据

许多资源描述框架系统使用来自系统外部的数据及内部数据。最典型的例子可能是都柏林核心元数据元素集。这是一组高度重用的元数据术语，适用于多个行业和用例。其他示例包括参考数据集，如地理代码（国家、州）和行业代码（UNSPSC、GICS）。链接开放数据云计划已经策划了数千个使用 RDF 共享的数据集。通过一个名为 schema.org 的序列化过程，据估计，如今近三分之二的 Web 互联网内容包含 RDF 数据，相当于数万亿的三元组共享数据。

资源描述框架的简单结构（图表示为一组统一的三元组）允许其支持企业内部和外部分布式数据的所有治理。这为一个平滑、可扩展的数据管理系统奠定了基础，在该系统中，数据可以远远超过创建它的系统。

7. SPARQL

一旦人们有了像资源描述框架这样的标准数据表示系统，也就可以标准化查询语言。通常，查询语言是数据管理系统的一部分，允许某人向数据集提出问题并检索答案。查询语言的细节严重依赖于数据表示的细节。SQL 是关系数据库的查询语言，基于将表彼此组合的操作。XQuery 是标准的 XML 查询语言，匹配 XML 文档中的模式。SPARQL 是 RDF 的标准查询语言，基于将图形模式与图形数据进行匹配。一个简单的例子如图 3.22 所示，图中给出了一些关于作者、性别和出版物主题的数据。假设正在为“科学女性”会议寻找候选主讲人，决定寻找发表过以科学为主题的论文的女性作者。可能有一些类似于图 3.22(a)的数据。在 SPARQL 查询语言中，查询以图形表示，但使用通配符。图 3.22(b)显示了一个图形模式：一个作者将被确定(用一个"?"表示)是女性，写了一些关于科学的东西(也用"?"显示)。SPARQL 查询引擎在数据中搜索匹配项：张三写了一篇关于科学的文章，但不是女性；李四是女性，但没有写一篇关于科学的文章；王五是女性，写过一篇关于科学的文章，因此是演讲嘉宾的候选人。

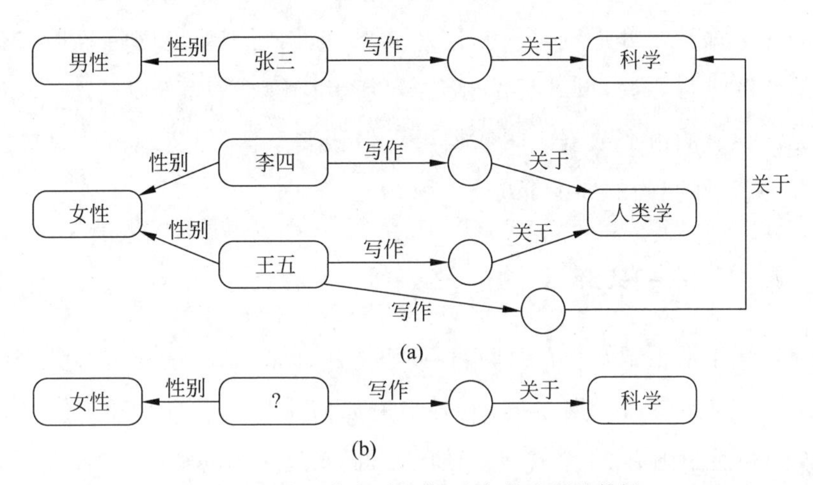

图 3.22 关于作者、性别和出版物主题的数据

像 SPARQL 这样的标准化查询语言是提供完全技术独立性的最后一块拼图。不仅可以将数据从一个系统复制到另一个系统而不进行更改，而且应用程序用于访问这些数据的查询也可以从一个系统到另一个系统。即使在大规模部署中，也有可能将一个数据后端完全交换为另一个后端。

SPARQL 还允许联合查询，从而使图形数据系统能够管理分布式数据。联合查询是一种跨多个数据源匹配模式的查询。SPARQL 可以做到这一点，因为它不仅是一种查询语言，而且是一种通信协议，定义了图数据库如何支持 SPARQL。以图 3.22 为例，假设关于作者的传记信息(包括他们的性别)存储在一个数据源中，而发布信息(谁发布了什么，以及关于什么主题)存储在另一个数据来源中。相同的查询模式可以与组合数据匹配，而无需将所有数据复制到单个数据存储中。这将图形数据集转化为互联网 Web 上的活动数据产品，SPARQL 查询语言允许应用程序开发人员以任意方式组合它们来回答商业问题。

图数据本身提供了强大的功能，使其成为应用程序开发人员的热门选择，他们希望构建超越现有数据管理范式（尤其是关系数据库）的应用程序。虽然图形数据系统在这方面非常成功，但并没有解决许多企业目前面临的企业范围的数据管理需求。例如，随着数据安全法、个人信息保护法和网络安全法等数据法规的出台，企业需要有明确的数据目录；他们需要知道自己拥有哪些数据及在哪里可以找到这些数据，他们还需要能够将数据与企业外部的资源进行协调，以满足法规要求，或者能够扩展其分析范围，以包括他们无法控制的市场数据。图数据可以做很多事情，但实现这些目标需要另一种创新，即明确的知识管理。

3.2.3 知识表示

在日常生活中，"知识"一词指各种事物。通常，知识指的是某种表演能力：人们知道如何烤一层蛋糕，或者知道如何跳探戈。有时知识是背景信息：人们知道中国有 34 个省级行政区，人们知道中国的首都，或者人们知道要寻找什么症状来识别几种疾病。人的知识可能包括谈论不同种类的事物及它们之间的关系：信用卡与贷款相似，因为它会产生债务，但与抵押贷款不同，信用卡没有抵押。知识如何在管理企业数据中发挥作用？

对于企业数据管理交付而言，知识以两种方式发挥作用。第一种是参考知识，以共享受控词汇表表示。第二种是以本体论表示的概念知识。

1. 受控词汇表

词汇表只是一组受控的术语。词汇有非常普遍的用途，如国家或地区列表、货币列表或度量单位列表。词汇可以集中在特定领域，如医疗条件列表或法律主题列表。词汇的受众很小，就像一家公司的产品类别列表。词汇也可以很小，甚至只有少数几个术语，或者非常大，包括数千个类别。无论覆盖范围或受众的规模和兴趣，所有词汇表都由固定数量的项目组成，每个项目都有一些识别代码和通用名称。以下是一些受控词汇表的例子：

(1) 中国省级行政区列表有 34 个，每个都有一些识别信息，包括省份名和 6 位数字的邮政编码。该词汇表可用于组织邮寄地址或识别公司办公室的位置，是各种企业普遍感兴趣的，任何需要咨询中国地理实体位置的人都可以使用这个词汇。

（2）国家图书馆分类系统维持着一个分类方案，是一个由几千个主题标题组成的词汇表。每个标题都有一个识别码（如 QA76.75）和一个名称（如“计算机软件”）。这些标题用于对文档进行分类，以便在存储或搜索信息时识别相关材料。国家图书馆格雷斯分类系统的覆盖面很广，但通常仅限于对已出版的文件进行分类，如书籍、电影和期刊。国家图书馆分类系统的词汇表是普遍感兴趣的，并且可以（并且经常）由多个企业共享。词汇在单个企业中也很有用，例如，

① 客户忠诚度级别列表

航空公司向返程客户提供奖励，并将其组织成忠诚度计划。客户可以达到几个忠诚度级别（可能有“黄金”“白金”和“钻石”之类的名字），其中一些基于当年的旅行。航空公司保留这些级别的小列表，每个级别都有一个唯一的标识符和一个名称。

② 监管要求列表

银行需要根据与交易对手的关系报告交易。如果银行持有交易对手的部分所有权，则必须报告某些交易；如果银行对交易对手持有控制权，则必须报告某些其他交易。银行已确定存在固定的关系列表，与必须跟踪的交易对手进行交易，以便知道要报告哪些交易。

受控词汇表，如前面提到的示例，具有以下优点：

（1）消除歧义：如果多个数据集引用同一事物（国家或法律主题），受控词汇提供了明确的参考点。如果它们中的每一个都使用相同的词汇表，因此使用相同的键，那么“BJ”指的是“北京”的状态就不存在混淆。

（2）标准化参考：当某人设计一个数据集时，在引用某个标准实体时有很多选择，可以拼写出名称“北京”或使用类似“BJ”的标准代码。在本例中，使用标准词汇表可以为使用代码“BJ”提供策略。

（3）表达规范：企业是否希望承认一个有争议的国家为官方国家？它是否希望识别更多的性别而不仅仅是两个？受控词汇表通过包含企业感兴趣的所有区别来表达这种策略。

今天的大多数企业，无论规模大小，都使用某种形式的词汇管理。大型企业通常有一个元索引，即其受控词汇表的列表。

从表面上看，词汇表只是名称和标识符的列表，可以很容易地表示为一个电子表格（只有几列），或者关系数据库中的一个简单表。但假设想建立一个使用受控词汇表的关系数据库，如列出中国省级行政区的词汇表，可以使用6位数字的邮政编码作为表的键，构建一个包含34行和两列的表。没有任何重复项（邮局就是这样组织这些键的，代码中不能有任何重复项），因此关系数据库系统很容易管理表。对数据库中任何位置的状态的任何引用都使用键引用该表。

当企业中有多个应用程序时会发生什么，使用多个数据库？每个人都可以尝试在每个数据库中维护相同的表。维护一个参考词汇表的多个副本，会完全破坏拥有一个受控词汇表的许多目的，必须找到所有这些表并相应地更新它们。由于数据在多个应用系统，人们真的知道它在哪里吗？更不用说是否一致和明确地说明了。

在管理大量应用程序的企业中，发现几个甚至几十个不同版本的同一参考词汇并不罕见。它们中的每一个都以不同的方式在某些数据系统中表示，通常是关系数据中的表基础参考数据或知识被管理。这是当今企业中最常见的实践状态。参考知识的价值得到承认和赞赏，甚至明确表示了这些知识。

2. 本体

在对受控词汇表的讨论中，已经看到了企业范围词汇表和受控词汇表在各种数据系统中的表示之间的区别。企业中各种数据系统的结构在更大的范围内也会发生同样的问题，每个数据系统都体现了其自身对业务重要实体的反映，重要的共性在一个系统之间不断重复。

下面用一个在线书店的简单示例演示本体。假设想描述一家公司，如何描述该公司业务？一种方式是说书店有顾客和产品，有几种类型的书籍，还有期刊、视频和音乐。还有账户，客户有各种各样的账户。一些是简单的购买账户，客户下单，书店完成订单。另一些可能是订阅账户，客户有权下载或流式传输一些产品。客户、产品、订单、分包商描述等存在于业务中，它们以各种方式相互关联，订单是针对特定客户的产品。有不同类型的产品，每种类型的产品实现方式不同。本体是一种结构，它描述了所有这些类型的事物及它们之间的相互关系。更一般地说，本体是业务中存在的所有不同种类的事物及其相互关系的表示。一个业务的本体可能与另一个企业的本体非常不同。例如，零售商的本体可以描述为客户、账户和产品；对于诊所，有病人、治疗和探视。

简单书店本体仅用于说明目的，它显然存在严重的差距，即使是对在线书店业务的简单理解。例如，它没有订单付款或履行的规定，不考虑多个订单或订单中特定产品的数量，不包括将一个客户的订单发送到另一个客户地址的规定（例如，作为礼物），但是，尽管很简单，但它特别显示了本体的一些功能：

（1）本体可以描述如何管理实体之间的共性和差异。在下订单时，所有产品都以相同的方式处理，但在履行订单时，将以不同的方式处理。

（2）本体可以描述交易中的所有中间步骤操作。如果人们只是查看客户与在线订购网站之间的交互，可能会认为某个客户在请求产品。但事实上，网站不会在没有该用户账户的情况下发出产品请求，而且，由于人们希望在未来的请求中再次使用该账户，因此每个订单都是单独的，并与该账户关联。

所有这些区别都在本体中明确表示。例如，如图3.26中的本体，注意到的第一件事可能是它看起来很像图形数据，这不是意外。正如前面所看到的，图是一种通用的数据表示机制，可以用于各种目的，如表示本体，因此本体将被表示为图，就像数据一样。当将本体与图数据相结合以形成知识图谱时，这种表示的一致性（即数据和本体都表示为图形）极大地简化了组合过程。图3.23中的节点表示业务中的事物类型（产品、客户、账户），链接表示这些类型的事物之间的联系（账户属于客户，订单请求产品）。图3.23和后续图中的虚线表示更具体的类型：书籍、期刊、视频和音频是更具体的产品类型；购买账户和订阅是更具体的账户类型。

设身处地为数据管理者着想，看看图3.23，可能会说这是数据库式的某种概括表示。这是一个自然的观察结果，因为图3.23中的信息类型与数据

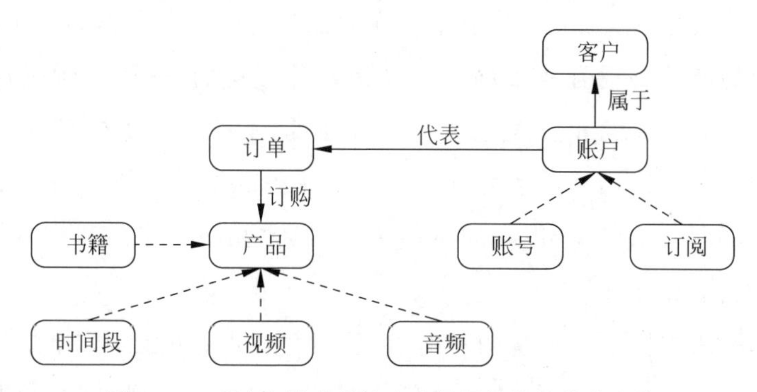

图 3.23 反映在线书店的企业数据结构的简单本体

库模式中的信息非常相似。图 3.23 所示的本体的一个关键特征是可以从本体外部引用每个项(每个节点、每个链接)。与关系数据库的模式(仅描述该数据库的结构,并在该数据库实现中隐含)不同,图 3.23 中的本体被明确表示为供企业内部或外部的任何应用程序使用。知识图谱依赖于本体的显式表示,可以在企业内部和外部使用和重用本体。正如词汇表一样,可有非常通用的本体,可以被许多应用程序使用,也可以有特定企业或行业的非常特定的本体。本体的一些例子如下:

(1) 金融行业业务本体(FIBO)

企业数据管理委员会已经制作了一个描述金融行业业务的本体 FIBO。FIBO 包括对金融工具、参与这些工具的各方、交易这些工具的市场、其货币和其他货币工具等的描述,监控整个金融行业的数据。

(2) 临床数据交换标准联盟(CDISC)

临床数据交换标准联盟发布临床数据管理和标准试验。CDISC 将其标准的版本作为 RDF 模型发布,由于其灵活性和互操作性,许多成员组织正在采用 RDF 作为主要元数据表示。

(3) 数量、单位、尺寸和类型(QUDT)

该本体的名称概述了其主要概念。QUDT 描述了测量的数量、单位、尺寸和类型之间的关系,并支持科学、工程和其他定量学科中测量的精确描述。

(4) 都柏林核心元数据术语(DC)

这是一个小本体,描述了图书管理员用来对已出版作品进行分类的领域,包括作者("创作者")、出版日期("日期")和格式(如印刷品、视频等)等,也是最常用的一种。

正如词汇表一样,也可以为多个企业用户(如前面提到的用户)或特定企业用户创建本体。

(1) 媒体制作模型

一家电视和电影制作公司管理着各种各样的财产。从电影或电视节目的原始制作开始,有许多衍生作品:将作品翻译成其他语言(配音或带字幕),在不同商业终端结构的市场上发布;限量版广播,在耐用媒体上发布;流媒体版本等。为了协调管理这些内容的许多应用程序,该公司开发了一个描述所有这些财产及其之间关系的本体。

(2) 药物发现过程模型

一家制药公司需要通过一系列复杂的临床试验、测试和认证来引进几种药物。这一过程不仅涉及对药物及其与其他化学品的相互作用的理解,还涉及对人类基因组和化学过程级联的理解。企业构建了一个本体来描述所有这些事物及其关系。

(3) 政府许可模式

政府机构管理许可证(经营机动车、结婚证、收养证、营业执照等)的目的很多,所有形式的许可证的许多流程(身份识别等)都是相同的。该机构构建了一个本体来对所有需求进行建模,并以这些术语表达对许可证的约束。

本体在数据管理中扮演的关键角色是调解现有数据集之间的差异。每个数据集之所以存在,是因为它成功地满足了企业的某些需求。不同的数据集将以复杂的方式重叠,本体提供了一个将它们联系在一起的概念框架。

本体在数据管理中的显式表达提供了如下优势:

(1) 由于本体本身是一个数据模块(以 RDF 管理),因此可以对其进行搜索和查询(例如,使用 SPARQL)。

(2) 监管要求和其他政策可以用本体来表达,而不是用特定应用程序的特定技术模块来表达。这允许此类策略在整个企业数据体系结构中集中而不重复。

(3) 本体为创建新的数据提供了指导,因此数据设计者不必从头开始构建他们的每个数据模型。

3. 本体与数据模型

在前面的内容中,我们对参考知识和概念知识进行了区分,其中参考知识由词汇表表示,概念知识由本体表示。本体是概念性的,因为它描述业务领域中的实体或概念,独立于任何特定应用程序。应用程序可能会忽略一些与其使用无关的概念,例如,履行应用程序只需要知道产品和接收者,不需要了解客户和客户之间的区别,并且可能根本不包括对这些概念的任何引用。本体协调企业中的所有数据模型,以提供企业数据环境的全局视图。

4. 本体与知识表示

毫不奇怪,关于如何构建和测试本体,有一个完整的主题,人们只触及本体设计的部分内容。

一个简单的本体相对容易构建,这些类对应于对业务重要的事物类型,通常可以在现有系统或企业词汇表的数据字典中找到。它们之间的基本关系比较难梳理,但通常反映出对业务很重要的关系。基于这类企业研究的简单入门本体通常具有与图 3.23 中相当的复杂性。即使是这种简单的本体也能提供很多价值,这种本体中表示的基本关系通常反映在整个组织中的许多数据支持系统中。一个简单的本体可以充当企业中重要数据子集的中心。本体的进一步开发以增量方式进行。如图 3.23 所示,人们已经确定了更多的特定类型的产品,它们的区别不仅在于名字,还在于人们用来描述它们的数据种类。书籍有页数,而视频有播放时间,它们都有出版日期,尽管人们可以很容易地想象没有出版日期的产品(也许不是来自书店)。可以以这种方式扩展本体,以覆盖不同数据源中的不同细节。

为什么在数据环境中知识受到关注?在企业中一直有知识的代表,但不是以明确的共享形式。明确的共享知识表示如何帮助人们处理企业数据?

(1) 知识允许架构师管理业务描述:支持关系数据库、JSON 和 XML 文档等应用程序的数据表示是为应用程序开发人员设计的。因此,它们对语法、结构和一致性有详细的技术限制。另外，业务关注的是政策、流程和收入模型，它们在很大程度上独立于实施细节。有一个专业叫作业务架构，其功能是业务流程和术语与数据和应用程序规范的协调。知识的显式表示允许业务架构师以应用程序开发人员保存和重用代码的方式保存和重用业务流程和术语。

（2）知识独立于数据表达意义：在典型的企业中，每个应用程序都有自己的数据源，每个数据源代表企业数据的一部分。基于驱动应用程序开发的用例，每个应用程序都为企业数据带来了自己的视角。

当明确表示企业知识时，就超越了特定的应用程序用途，可以描述数据以与业务流程保持一致。这反过来又使企业知识与不同的数据源保持一致成为可能。企业知识成为一种共享的解释神秘事物的罗塞塔石，它为应用程序开发人员及其业务利益相关者连接了各种企业数据源的含义。

（3）知识将企业政策整合到一个地方：正如人们在共享词汇表和概念知识中所看到的，企业知识通常在各种应用程序中以特殊的方式表示，每个应用程序都保存着自己的重要策略、参考和概念知识副本。相反，企业知识的显式表示允许将其与任何应用程序分开表示，并将其合并到一个单独的地方，从而允许企业了解它知道什么。不同的应用程序在重要信息上不同步是很常见的，这会导致业务策略的执行效率低且不一致。明确的知识表示允许在企业规模上管理这些策略。

5. 知识使用案例场景

尽管几十年前，基于知识的系统是一项很有前途的技术，但直到最近，它们才在企业应用程序中发展到受欢迎的地位。本节列出的功能，如果没有明确的知识表示，就无法实现。这些功能在现代企业中是如何使用的呢？近年来，有许多知识用例变得重要，需要明确的知识表示。

（1）数据目录

近年来，许多现代企业通过兼并和收购多家公司而发展壮大。2008 年金融危机后，许多银行合并成为大型企业集团。其他行业也发生了类似的合并，包括生命科学、制造业和媒体。由于每个组件公司都在合并中引入了自己的企业数据环境，这导致了复杂的组合数据系统。这样做的直接结果是，许多新公司不知道它们拥有什么数据、数据在哪里或数据是如何表示的。简而言之，这些公司不知道它们知道什么。

解决此问题的第一步是创建数据目录。与产品目录一样，数据目录只是一个带注释的数据源列表。但是数据源的注释包括关于它所代表的实体及它们之间的连接的信息，也就是本体所持有的信息。最近一些数据目录的使用强调了隐私法规，如数据安全法、个人信息保护法和网络安全法。这些法规提供的保障之一是“被遗忘权”，这意味着个人可以要求从企业数据记录中完全删除有关他们的个人信息。为了满足这样的要求，企业必须知道这些信息存储在何处及如何表示。数据目录提供了满足此类要求的路线图。

（2）数据消歧

当一个大型企业有许多数据集时（大型银行拥有数千个数据库、数百万个列的情况并不罕见），如何将数据从一个数据库与另一个数据库进行比较？有两个问题可以混淆这种情况。首先是术语。如果问不同部门的人什么是“客户”，会得到很多答案。对一些人来说，客户就是付钱的人；对于其他人来说，客户是他们向其提供商品或服务的人。对于一些人来说，客户可能是企业内部的人；对于其他人来说，客户必须是外部的。如何知道特定数据库中“客户”一词的含义？

第二个问题涉及实体之间的关系。例如，假设有一个产品订单，该订单正发送给账户持有人以外的其他人（例如，作为礼物）。怎么称呼支付订单的人？怎么称呼接收订单的人？不同的系统可能以不同的名称来表示这些关系。怎么知道他们指的是什么？

业务知识的显式表示消除了这类不一致性，这种一致性称为数据消歧。人们不会改变这些数据源引用这些术语和关系的方式，但会将它们与参考知识表示相匹配。

（3）数据有效性检验

随着企业继续开展业务，会收集新的数据，可能是新客户、向老客户的新销售、要销售的新产品、新标题（针对书店或媒体公司）、新服务、新研究、持续监控等形式。蓬勃发展的业务将一直生成新数据。但是，该业务也会有来自其过去业务的数据：旧产品的信息(其中一些可能已经停产)、长期客户的订单历史等。所有这些数据对于产品和市场开发、客户服务及持续业务的其他方面都很重要。

如果收集到的所有数据都以同样的方式组织起来，并密切关注质量，那就太好了。但对于许多企业来说，现实情况是存在一堆杂乱的数据，其中许多数据的质量值得怀疑。一个明确的知识模型可以表达关于数据的结构信息，为数据验证提供了框架。例如，如果术语知识表明"性别"必须是M、F或"未提供"中的一个，则可以检查声称指定性别的数据集。像"0""1"这样的值是可疑的，可以检查这些源，看看如何将这些值映射到受控值。对知识的明确表示也使人们能够确保不同的验证工作是一致的，人们希望使用相同的标准来审查即将到来的新数据(例如，来自网站上的订单)，就像审查来自早期数据库的数据一样。共享知识表示为验证信息提供了单一参考点。

6. 标准化知识表示

人们已经看到了在一个独立于任何特定应用程序的企业中明确共享知识表示的优势。但如何表达这样一种共同的表达呢？如果想分享它，需要把它写下来。如果想把它写下来，需要一种语言来做到这一点。

应用程序开发人员甚至企业数据管理人员都很容易忽视标准化的重要性。有人可能会说"我正在构建一个应用程序来推动我自己的业务；我没有时间关注标准，我只是在编写一个应用"或者"我的业务是独一无二的；我不想被标准束缚"。如果企业所做的只是为自己的业务管理自己的数据，那么为什么要对标准感兴趣呢？

(1) 管理企业词汇表的一种常见的做法是在单个企业中多次维护相同的词汇表，通常采用不同的形式：电子表格、关系数据库中的表，甚至XML或JSON文档。如果要合并这些数据，如何判断它们中是否有相同的数据？如果说JSON文档具有"相同"数据作为电子表格。

(2) 在图3.23中给出了本体的显式表示。该本体提供了在整个企业的关系数据库模式中实现的结构。如何表达这个本体，以便在其表述的内容和人们在数据库模式中找到的内容之间进行比较？

(3) 以可重用的方式维护受控词汇表，甚至不时更新它。如何知道从一个版本到下一个版本发生了什么变化?

数据和元数据标准可以回答这些问题。现在万维网联盟(W3C)再次提供了知识共享的标准,并确定了两种主要的知识类型:参考知识和概念知识。W3C有两个标准,每种类型的知识都有一个标准。第一个是简单知识组织系统(SKOS),用于管理参考知识。第二个是RDF模式语言(RDFS),用于管理概念知识。这两种语言都使用RDF的基础结构作为基础,也就是说,它们以图形的形式表示知识。这使得这些语言可以从前面列出的图形表示的所有优点中受益:人们可以发布以SKOS或RDFS表示的知识并订阅它,可以跟踪知识的版本,可以在Web上分发它。需要在整个企业中共享明确的知识,分布式图形表示使得这是一件容易的事情。

7. SKOS

SKOS中的第一个"S"代表"简单"(simple)。网络上最成功重用的结构通常是最简单的,因此这可能是一个很好的设计选择。这也意味着人们可以简单地描述SKOS。SKOS的基本工作是提供一种表示受控术语列表的方法。每个受控术语都需要某种方式来识别它,如一个名称,可能还有一个或多个官方名称。图3.24显示了SKOS中两个中国省份的词汇摘录,每个都有一个首选标签(省份的官方名称)、一个备用标签(一个非官方但经常使用的名称)和一个符号(一个官方名称,在本例中是邮政局的代码)。每个状态由URI标识,在图3.24中,这些URI由序列号省份33和省份34给出。

中国省份的完整词汇将有34个这样的结构,其中一些可能有比这里显示的更多的数据。

SKOS提供了名为prefLabel、altLabel和表示规定的阐述(以更多内容,但这些详细信息超出了本书的范围,关于SKOS,可参考https://www.w3.org/2004/02/skos/)。SKOS标准给出了其中每一项的精确含义:

(1) prefLabel:给定语言中资源的首选词汇标签。

(2) altLabel:资源符号的可选词汇。

(3) Notation:标签用于唯一标识概念的字符串,T58.5、303.4833也称为分类代码。

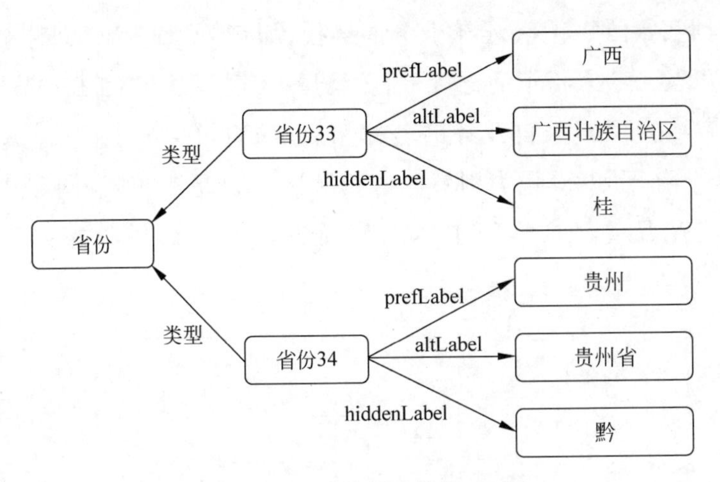

图 3.24 两个中国省份的 SKOS

在本例中，使用了 prefLabel 来提供省份的官方名称，使任何想要引用状态的数据集都可以引用知识表示本身(通过使用图 3.24 中的 URI，如省份 33)，也可以使用表示法(只要知道谈论的是一个状态，就保证是明确的)、官方名称或任何其他名称(不保证是唯一的)。所有这些信息都在词汇表中表示，而词汇表又在 SKOS 中表示。

当然，SKOS 的工作原理还有更多细节，但这个示例只演示了基本原理。术语在图中作为 URI 进行索引，每个术语都用少量标准注释进行注释，这些注释用于描述企业中的数据集如何引用受控术语。

8. RDFS

RDFS 是资源描述框架的模式语言，也就是说，是讨论 RDF 中数据结构的标准方式。就像 SKOS 一样，RDFS 使用 RDF 的基础设施。这意味着 RDFS 中的所有内容都有一个 URI，可以从外面引用。RDFS 描述了概念模型中的实体类型及它们之间的关系，换句话说，它描述了一个如图 3.25 所示的本体。由于 RDFS 是用 RDF 表示的，所以每种类型都是一个 URI。以图 3.25 为例，这意味着有一个描述客户、订单、账户、产品等的 URI，但也意味着还有一个 URI，用于代表包括所有上面这些 URI 之间关系的 URI，即 RDFS 的 URI。

在 RDFS 中，事物的类型称为类。图 3.25 中有 10 个类，以灰色框显示。

可以看到类之间的一些特定于业务的链接(如订单和产品之间标记为请求的链接)以及一些未标记的链接,用虚线显示,这些是在 RDFS 标准中具有名称的特殊链接(与来自业务的名称相反,如请求、代表和属于),这些名称是子类。在图 3.25 中类别意味着购买账户也是账户,订阅账户也是账户,书也是产品等。这样的本体如何回答商业问题?考虑一个简单的例子。

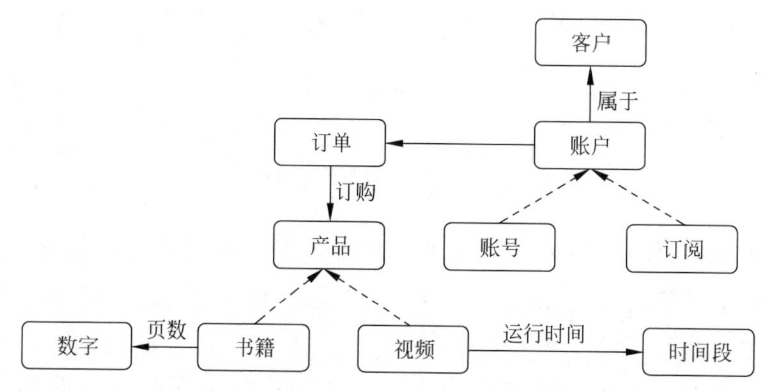

图 3.25 在线书店的本体,书本到页数及从视频到运行时的关系

张三是书店的客户,并注册订阅期刊《交通运输研究》。李四是一个客户(即在本体中列出的他的类型是客户)。他购买的东西有本体,订阅类型的本体。现在来问一个(非常简单的)商业问题:张三的订阅和张三之间的关系是什么?图中订阅和客户之间没有直接链接。但由于订阅是一个更具体的账户,张三的订阅也是一个账户。账户如何与客户相关?这种关系在本体中给出,所以答案是张三的订阅属于张三。

现在让我们看一下这样的结构如何帮助数据协调。假设有一个只处理流视频和音频的应用程序,需要知道视频和音频之间的区别,但根本不需要知道书籍或期刊(因为访问是通过流媒体形式)。另一个应用程序处理书籍及如何交付,该应用程序了解图书阅读器,甚至了解书籍的纸质副本。这两个应用程序都将这些内容视为产品,也就是说,应用程序需要理解,订单请求是可能的,并且最终交付是代表属于客户的账户进行的。这在书籍、期刊、视频和音频中很常见。这个 RDFS 结构通过表示书籍、期刊、视频和音频都是产品的子类来表达这种共性。

在这两者之间，SKOS和RDFS涵盖了企业中显式知识表示的基础。SKOS提供了表示词汇表的机制，而RDFS提供了表示概念模型的机制。它们都是基于RDF构建的，因此每个概念或术语都由URI标识，并且可以从外部引用。这种结构允许人们将图形数据与显式知识表示相结合。换句话说，这种结构允许人们创建一个知识图谱。

要理解知识和数据之间的关系，需要从理解概念知识的构建元素，即类和属性开始，然后探讨如何与数据相关。

9. 类和实例

在日常表述中，人们经常在事物和事物类型之间使用相同的措辞，例如，张三是客户，他也是一个人；《交通复杂网络方法》是一本书；张三和《交通复杂网络方法》是两个实例，人员、客户和书是事物的类型。

当在本体中表示元数据时，描述了事物的类型及它们之间的关系。账户属于客户、订单请求产品等。这种类型的事物和事物实例本身之间的区别是区分知识(类型和关系)和数据(特定事物)的关键点。对世界上的事物进行分类是为了更好地理解和表达对现实世界的理解，分类允许人们做出适用于某一类别所有成员的一般性声明："每个人都有出生日期""每个产品都有价格"等。还可以使用类别来讨论不同类型的事物的不同之处：书籍与视频不同，因为(除其他外)一本书有一定的页数，而视频有一定的长度。

正如上面所讨论的，RDFS中的类别称为类，类的单个成员称为该类的实例。所以"人员"是RDFS术语中的一个类，"张三"是"人员"类的一个实例。

以在线书店业务本体的示例为例，如图3.26所示，一本书有很多页，而一个视频有一个运行时间。

图3.26中的本体定义了一些类：产品、订单、账户等。但是数据呢？在这个示例中还未看到任何数据。这些数据可能是几种形式中的任何一种，但假设它是表格形式，见表3.4。

表 3.4 关于产品的表格数据

SKU	标　　题	格　式	页　码	运行时间	出版年份
1234	交通复杂网络方法	书籍	246	NA	2018
2235	三体	视频	NA	01:40:05	2021
3347	四季	音频	NA	00:05:00	2017

注：NA 表示不适用。

表 3.4 中的每个产品都有一个 SKU(库存单位，零售商用来跟踪库存产品的标识符)、标题、格式和其他信息。请注意，此表中的许多字段被列为不适用(NA)；一本书的页数或一段视频的运行时间没有定义，但无论如何，表中都有它们的位置。尽管存在良好的数据建模实践来避免这种混乱和浪费的数据表示，但在实践中发现它们仍然很常见。正如在图 3.25 和表 3.4 中看到的那样，可以以一种简单的方式将这些表格数据转换为一个图，如图 3.26 所示。

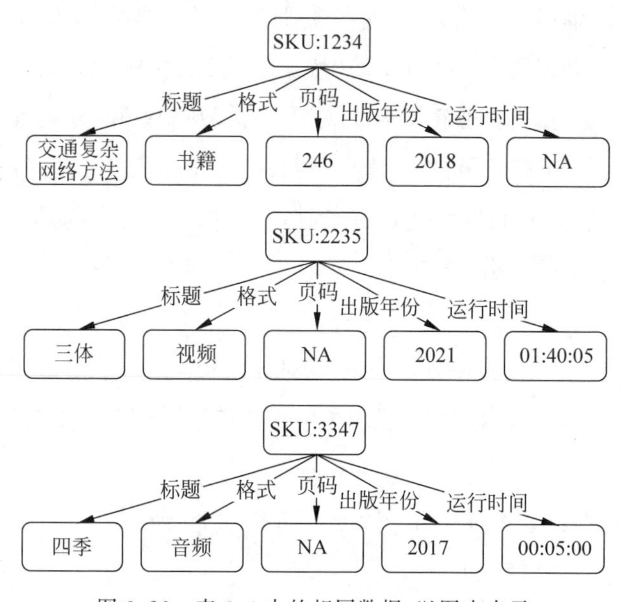

图 3.26　表 3.4 中的相同数据，以图表表示

图 3.26 中箭头上的标签与表 3.4 中的列标题相同，但并未显示 NA 值，因为与表格表示不同，图形并不坚持每个属性都有值。数据和本体之间的联系是什么？只需将一个图中的节点连接到另一个图，就可以将图 3.26 中

的数据图链接到图 3.23 中的本体图,如图 3.27 所示。有一个三元组连接两个图,标记为“类型”。这个三元组简单地表示 SKU:1234 是一个“产品”类的实例。在许多情况下,将知识和数据结合起来可以如此简单,表中的行直接对应于类的实例,而类本身对应于表。这种连接可以在图 3.27 中以图形形式看到:数据在图的底部(SKU:1234 及其链接),本体在图的顶部(图 3.23 的副本),以及它们之间的单个链接在图中以粗体显示,标记为“类型”。

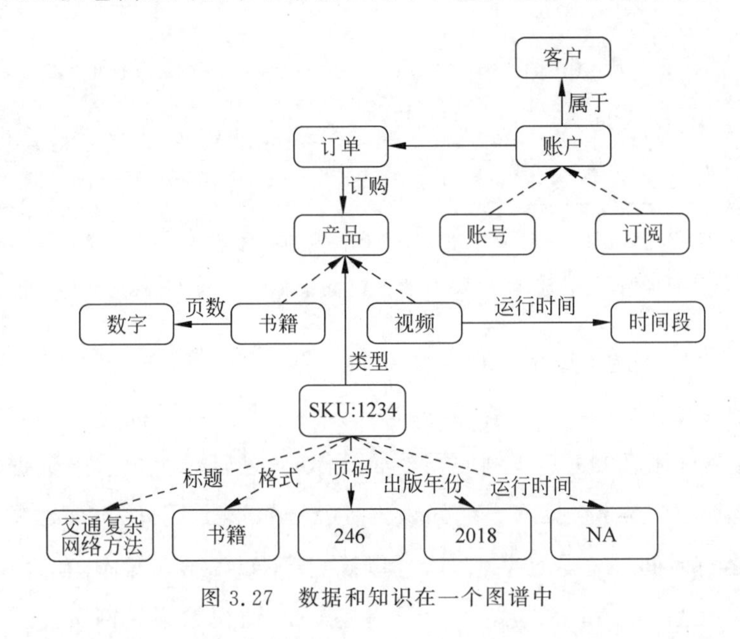

图 3.27　数据和知识在一个图谱中

但即使在这个简单的示例中,也有一些改进的空间。产品表包括有关产品格式的信息。快速浏览一下格式的可能值,就会发现这些值实际上对应于不同类型的“产品”,在本体中以类的形式表示,并以子类的形式与“产品”类相关。因此,不只是说 SKU:1234 是一种产品,而是更具体地说,它是一本书,结果如图 3.28 所示。

在本例中,从表开始,因为它是表示数据的最简单和最熟悉的方法之一。同样的条件指令同样适用于其他数据格式,如 XML 和 JSON 文档及关系数据库(从本示例中所示的简单的类似电子表格的表中概括,以包括外键和数据库模式)。如果有另一个数据源列出了书籍、视频等,基于与图 3.28 中的图表相同的结构,可以将它们组合成一个更大的图表。

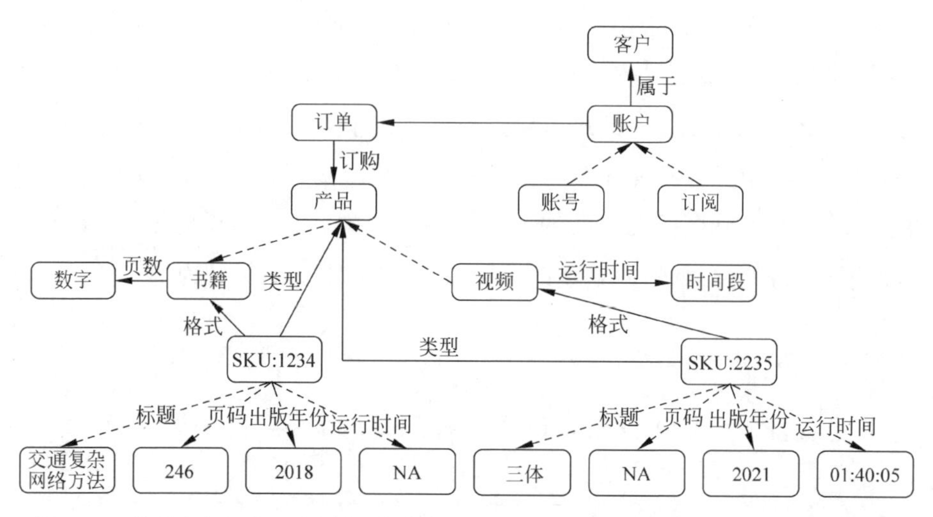

图 3.28　数据和知识在一个图中，格式字段解释为更具体地指示 SKU 是什么类型的产品的实例，包括 SKU:2235 作为视频的实例，以及 SKU:1234 作为书籍的实例

人们可以从这个简单的例子中获得一些经验。首先，表中的一行可以对应于多个类的实例，这意味着本体中不止一个类可以描述它。但更重要的是，当人们对记录是其实例的类更加具体时，可以对所表示的数据更加具体。在本例中，本体包括如下的知识：书籍具有页面(因此，页面数量)，而视频具有运行时间。有了这些信息，可以确定 SKU:2235(三体)有错误，它声称是一个视频，但同时也指定了属于一些页面，而视频不是网页。当本体与数据实例结合在一起利用时，可以用来检测数据实例的质量问题。

3.2.4 知识图谱

已经了解了如何将数据和知识表示为图，以及如何将它们组合起来，现在可以更具体地了解知识图谱的含义。正如所讨论的，知识图谱是知识和数据的一种表示，结合成一个图。根据这个定义，图 3.28 中的结构符合知识图谱的要求。知识以图明确表示，数据以图表示，两者之间的联系也以图表示。将所有这些图放在一起，能够在一个集成的系统中综合管理数据和元数据。

当谈论知识图谱及其带来的价值时，需要动态地看数据，知识服务于对底层数据的更好理解。必应知识图谱除了给搜索提供一个可能匹配的简单列表之外，将网络数据组织成各种类型的事物，它们之间有已知的关系，允许人们使用该上下文以更精简和智能的方式查询和浏览数据。

(1) 模块化知识

知识在上下文中更好，上下文由更多的知识提供。大型企业将管理关于产品、服务、客户、供应链等的各种数据。将数据和知识合并到一个图中，可以将知识视为一个单独的、可重用的模块化资源，在整个企业数据架构中使用。

(2) 自描述数据

当将元数据知识直接映射到数据时，可以用业务友好的术语描述数据，也可以用机器可读的方式描述数据。当数据的含义随数据一起传播时，数据变得自我描述，即可以在一个地方查询知识和数据。

(3) 知识渊博的机器学习和分析

大多数机器学习软件工具设计为接受数据表作为输入，用于训练和测试模型，以及在生产中使用模型时获得预测。机器学习的一个众所周知的挑战可能是特征选择过程，如何选择要用作模型输入的特征(列)，以便最准确地支持要预测的内容？这个问题的答案有时在于理解列的含义，以及如何在所使用的数据集和推断的预测中解释它们。知识图谱可以为数据科学家提供这种语义上下文，因为在知识图谱中，特征是实体之间的潜在联系及它们的属性，这些都是完整描述的。不仅如此，有助于更容易地集成来自多个源的数据的知识图谱可以提供更丰富的组合数据集，以便进行事实上只有使用数据源组合才能进行的预测。复杂的信息领域，如生物、制造业、金融业等，具有丰富的、相互关联的结构，这些结构最容易用图表示。通常情况下，图数据中的连接及可以从图中提取或增加信息的特定于图的算法是驱动最佳性能的模型输入特征。知识图谱还提供了一种方便、灵活的数据结构，用于存储预测及驱动预测的数据。这些预测可以潜在地用描述创建它们的模型版本的元数据来注释，当进行预测时，或者可能是与预测相关联的置信度分数。

近年来，图嵌入领域被证明是数据科学家追求的一个富有成效的领域。这是将一个图(提供了一些真实情况的精确表示，如社会、技术、交通网络或人们在生物学中发现的复杂过程)转换为一组向量的过程,以一种能够适应机器学习基础上的各种数学变换的形式。这项技术特别令人兴奋的是,可以通过学习图表示来自动学习特征,从而消除了任何机器学习项目的最大障碍之一——缺少标记数据。这种类型的机器学习用于预测知识图谱中数据的连接链接和标签。另一个引起数据科学界兴趣的方法是图神经网络(GNN)。这是一组使用神经网络在图中不同表示级别提供预测的方法,应用了如下的思想:图中的节点由它们的邻居和连接来定义,并且可以应用于交通预测和理解化学结构等问题。

可以期望知识图谱为企业带来什么样的数据交付改进?为了回答这个问题,先来看看知识图谱的一些常见用例。

(1) 360 全息画像

知识图谱在任何 360 中都发挥着作用,如产品 360、竞争 360、供应链 360 等。这是因为各种数据系统都是在业务较简单的时候出现的,并不能涵盖业务目前所涉及的所有客户。对于产品、供应链及企业需要了解的几乎所有事情,都可以说是如此。人们已经看到了知识的显式表示如何在企业中提供数据源目录。数据目录告诉人们在哪里可以找到有关客户的所有信息,如可以在这里查找人口统计信息,在其他地方查找购买历史记录,在其他位置查找有关用户偏好的个人资料信息。本体提供了一种贯穿企业中数据模式的路线图,使得对业务中的知识有一个明确的表示。当将路线图与数据本身结合时,就像在知识图谱中一样,可以扩展这些功能,不仅提供关于数据结构的见解,还提供关于数据本身的见解。

知识图谱将客户数据链接起来,以提供其与业务关系的完整画像:所有账户及其类型、购买历史记录、交互记录、偏好及其他任何内容。该设施通常被称为“客户 360”,因为它允许企业从各个角度查看客户。这对于知识图谱来说是可能的,因为显式知识协调了元数据,为图查询(使用类似 SPARQL 的语言)清除了一条路径,以恢复关于特定个人的所有数据,从而更好地为他们服务。

(2) 隐私权

知识图谱建立在数据目录的功能之上。正如前面讨论的,数据安全法、个人信息保护法和网络安全法规定的遗忘请求需要某种类型的数据目录，以找到可以保存适当数据的位置。拥有一个目录来指明敏感数据在企业数据中的位置是满足此类请求的第一步，但要完成请求，需要检查数据本身。数据库具有客户 PII 并不意味着特定客户的 PII 在该数据库中，需要查看实际实例本身。这就是知识图谱的功能扩展了简单数据目录功能的地方。除了企业数据目录之外，知识图谱还包括来自原始源的数据，使其可以查找每个数据库中实际存储的 PII。

(3) 可持续扩展性

我们所探索的用例都有一个致命弱点，如何构建本体，以及如何将其链接到组织中的数据库？现在，拥有一个链接企业中所有数据的知识图谱的价值应该是显而易见的。但是如何做到的？一种简单的策略，即构建一个本体，然后将其映射到企业中的所有数据集，其简单性很吸引人，但不太实用，因为在映射了大量数据之前，知识图谱的价值才开始显现。这种延迟的价值使得制定商业案例变得困难。一种更具吸引力的策略称为可持续扩展性。这是一种迭代方法，从一个简单的本体开始，并将一些数据集映射到它，将这个小知识图谱应用于在这里概述的许多用例之一，或任何其他能够带来快速、可证明的业务价值并提供上下文的用例。然后沿着各种维度扩展知识图谱，细化本体以做出对企业业务有用的区别(见图 3.27 和图 3.28)；将本体映射到新的数据集，或者通过增强本体来扩展已经拥有的到旧数据集的映射。这些增强功能中的每一项都应遵循某些业务需求。在每一个阶段，对本体或映射的增强都应该为企业提供增值。也许一个新的业务部门希望利用知识图谱中的数据，或者可能有人拥有重要的公司数据，希望将其提供给公司的其他部门，这种动态是可扩展的，通过新知识或新数据扩展了知识图谱是可持续的，因为扩展是增量的，可以无限期地进行。

(4) 企业数据自动化

知识图谱使企业数据体系结构清晰可见，但在大型企业中计算所有细节可能会很有挑战性，甚至很乏味。知识图谱和描述它的本体的许多部分可以使用数据源中现有的底层数据模型自动生成。例如，关系模式或 JSON/XML 模式可以机械地转换为图形表示，然后使用现有的企业词汇表和数据字典进行增强。通过建立链接和合并节点，实体匹配和消歧技术可以应用于以编程方式连接不同的知识图谱。随着人工智能方法越来越多地应用于企业知识管理，这种自动化将继续改进。虽然自动生成的知识图谱可能不如手动映射的知识图谱那么清晰，但这种方式描述的数据仍然有用，而且广泛使用的企业数据集可以代表进一步细化的良好基石。

成功地遵循可持续扩展性计划将产生一个非常大的知识图谱，它描述并连接了整个企业中的许多不同数据源，并显示出积极“网络效应”，其中以图形表示数据和知识：每增加一个新节点（如电话、传真机、网站等），都可以协同地积极增加网络对用户的整体价值。不断增长的互连可重用数据集网络具有类似的潜力。转换和连接到知识图谱中的数据越多，可以交付的用例就越多，而且速度也快得多。近年来，数据被生动地描述为“新石油”，知识图谱技术提供了获取和放大其价值的手段。

目前有三种主要的知识图谱：领域相关知识图谱、外部感知知识图谱和自然语言处理知识图谱，如图 3.29 所示。

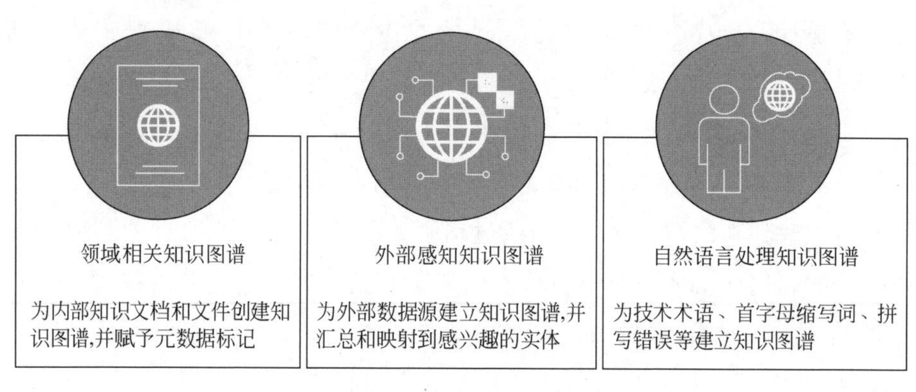

图 3.29 三种知识图谱

（1）领域相关知识图谱

领域知识丰富的知识图谱解决了如下挑战：简单的基于关键字的文档搜索或简单识别单个单词的重要性对于检索拥有大量异构数据的知识库并不准确和有效。建立知识图谱则使我们能够将内部文档、文档相关的领域知识及元数据标记相结合，在图数据库中能够更快地连接和遍历这些知识。

对于领域知识丰富的知识图谱，最常见的用例是搜索引擎；另外，文档分类和客户支持也是常见的应用场景。例如，如果能够根据每年收到的数以万计的复杂技术支持问题，向技术支持人员快速展示最类似的问题，以及解决问题的方法和相关文档，那么会大大加快问题解决的速度。

包含丰富领域相关知识的知识图谱适用于以文档形式获得和保存大量知识的企业。知识图谱有助于填补信息收集与能够查找和应用该信息（通过数据关联）之间的差距。一个成功的例子是美国宇航局的经验教训数据库，该数据库记录了过去 5 年来的任务和项目知识。

（2）外部感知知识图谱

外部感知知识图谱聚合外部数据源并将它们映射到感兴趣的内部实体。例如，在评估供应链风险时，我们可能希望查看所有供应商、他们在所有地方的工厂及我们所有的供应线，以分析中断风险。另外，还可以考虑当特定地点发生自然灾害时会如何影响供应链并识别在那些地点附近的类似供应商。

一般而言，我们需要能够从市场中收集大量感知信息，确定与领域相关的信息内容，并将其呈现给需要的人。除了供应链监控之外，外部洞察感知还用于分析合规风险、市场活动的影响和识别销售机会。例如，拥有关于企业财务内容的知识图谱使企业能够连接外部和内部知识，并在市场有时间做出反应之前快速做出最佳财务决策。

（3）自然语言处理知识图谱

自然语言处理（NLP）知识图谱包含关于人类语言的复杂性和细微差别的知识。NLP 知识图谱需要了解公司的特定技术术语、产品名称、行业首字母缩略词、部件号甚至常见的拼写错误，这是分析师创建知识图谱以映射含义和构建本体的基础，在此基础上进一步改进搜索并提供更相关的结果。

重型设备制造商使用 NLP 知识图谱来支持自然语言搜索，并从数千份保修文档中提取含义。另一个例子是 eBay 谷歌助手，它使用所有三种类型的知识图谱：领域相关知识图谱、外部感知知识图谱和 NLP 知识图谱，来引导购物者获得完美的产品。

在下面所列的四个主要区域，知识图谱可以为人工智能提供领域相关知识：

(1) 知识图谱为决策支持提供领域相关知识/上下文,例如,为现场支持工程师,并帮助确保答案适用于该特定情况。

(2) 知识图谱提供更高的处理效率,因此借助图来优化模型并加速学习过程可以有效地增强机器学习的效率。

(3) 知识图谱基于数据关系的特征提取分析可以识别数据中最具预测性的元素。基于数据中发现的强特征所建立的预测模型具有更高的准确性。

(4) 知识图谱提供了一种为人工智能决策提供透明度的方法,这使得通过人工智能得到的结论更加具有可解释性。

3.3 人工智能

人工智能的概念历史悠久。简单地说,人工智能是一种解决方案或一套工具,可以模仿人类智能的方式解决问题。通常,人工智能最实际的目标是进行预测:对事物进行分类(如添加标签)或预测值(如系列中预期的下一个数字)。

从更广泛的意义上说,人工智能有两类:狭义的 AI 和广义的 AI。狭义的 AI 专注于很好地执行某项任务,如图像识别。广义的 AI 包括智能规划、自然语言理解、对象识别、机器学习或解决问题的多种能力。使 AI 应用程序能够具有更广泛的能力的一种方法是为它们提供领域知识(又称上下文),为它们提供相关信息以用于解决问题。

人工智能技术有三类技术子集,每种类别都以不同的方式解决问题。人工智能是一个总括性术语,包括人工智能(artificial intelligence,AI)、机器学习(ML)和深度学习(DL)三类子集,如图 3.30 所示。

AI 是一类计算机过程,通过学习和模仿人类决策的方式解决问题。请注意,这不需要具有实际智能。然而,它确实为许多问题打开了大门,以执行人类智能所特有的任务。AI 是解决方案的目标,机器学习本质上是实现它的一种方法。

机器学习使用算法帮助计算机学习特定任务的示例、实现渐进式改进,

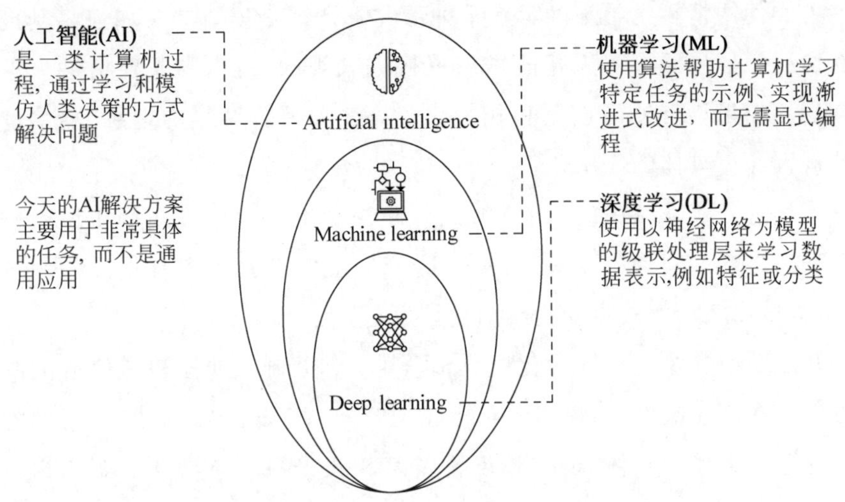

人工智能由几个技术子集组成,每个技术子集都以不同的方式解决问题

图 3.30 人工智能技术的三大类型

而无需显式编程。"训练"AI 涉及向算法提供大量数据,以使其能够学习如何处理这些信息。机器学习的"学习"部分意味着相关算法通过迭代以优化目标函数,如实现最小化误差或损失。机器学习同时是动态的,能够在呈现更多数据时自行修正。

深度学习使用以神经网络为模型的级联处理层来学习数据表示,例如特征或分类。深度学习的"深层"部分是指多个隐藏的抽象层。这些图层实现了具有层次结构的特征集,如向水果类别添加形状、大小和气味。

假设我们正试图解决一个现实世界的问题并做出一个决定,这个决定要求我们拥有正确的领域知识并尝试以某种方式自动化或简化决策过程。

对于人类和人工智能而言,领域知识对决策至关重要。成年人每天做出成千上万的决定(有人说大约 35000 个),而且大多数都取决于我们周围的环境,或我们看待世界的角度。

如果我们正在安排旅行,会考虑旅行是为了工作、娱乐还是与他人同行,因此最后的决定有很大差异。在人类语言中,话语的实际含义高度依赖于情境、谁使用短语及其语调。例如,如果一个人说"滚出去!",其真实意思可能是表达一个友好的玩笑,也可能是真正生气要求别人离开房间。

人类使用情境学习来确定在某种情况下什么是重要的及如何将其应用于新情况。如果要求人工智能做出更接近人类的决策，则需要借助大量领域知识。如果没有外围设备和相关信息，AI 需要更详尽的训练、更多的规范性规则和更具体的应用。

最快进入实际应用的 AI 领域之一是决策支持。假设我们正试图解决一个现实世界的问题：做一个决定，这个决定要求我们拥有正确的领域知识，并尝试以某种方式自动化或简化该过程。

知识图谱提供了一种简化工作流程、自动化响应过程和扩展智能决策的方法。在高层次上，知识图谱是相互关联的事实集合，以人类可理解的形式描述现实世界的实体、事实或事物及其相互关系。与具有平面结构和静态内容的简单知识库不同，知识图谱通过获取和集成相邻的信息以获得新知识。

以下是知识图谱的一些关键特征：

(1) 知识图谱需要围绕相关属性进行连接。由于并非所有数据都是知识，我们寻找的是与领域相关的信息。

(2) 知识图谱是动态的，图本身可以理解连接实体的内容，无需手动为每条新信息编写程序。知识图谱能够把那些对我们重要的属性进行适当的关联，基于已经对它们建立的关系。

(3) 知识图谱需要能够被理解。有时我们说它是有语义的，因为知识本身告诉我们是什么。智能元数据帮助我们遍历图以查找特定问题的答案，即使一开始并不明确地知道如何要求它做到。

(4) 实际上，知识图谱通常包含异构数据类型。它结合并揭示了信息孤岛之间的联系。

在应用 AI 的过程中一个最大的挑战是理解 AI 究竟是如何做出特定决策的。已经有相当多的研究表明，图使人工智能预测更易于追踪和解释。这种能力对于 AI 的长期应用至关重要，因为在许多行业，如医疗保健、信用风险评估和刑事司法，必须能够解释 AI 如何及为何做出决策。这是图可以应用领域相关知识来提高可信度的地方。

有许多机器学习和深度学习的例子实际上提供了错误的答案。分类器可能产生导致错误分类的关联，如将狗分类为狼。然而，理解导致AI解决方案做出特定决定的原因有时是一项重大挑战。有三类可解释性与我们提出的问题类型有关(图3.31)。

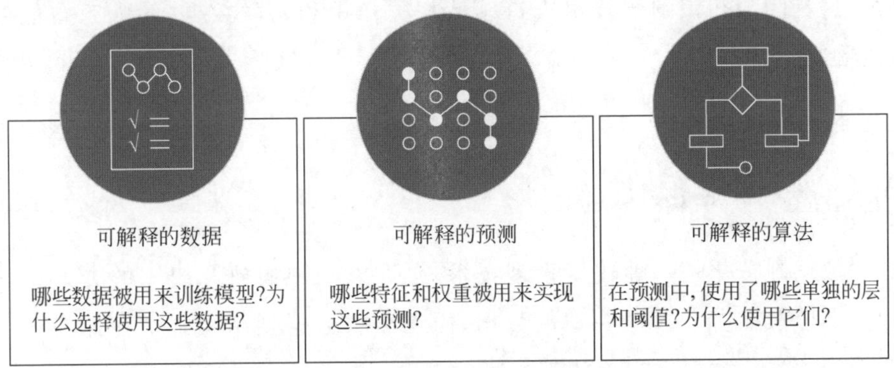

图3.31　三类可解释性

可解释的数据意味着我们知道用什么数据来训练我们的模型，以及为什么。不幸的是，这并不像我们想象的那么简单。如果考虑大型云服务提供商，或者诸如百度等拥有大量数据的公司，通常很难知道用于其算法的确切数据。

领域相关知识图谱通过数据关联相当容易地解决了数据的可解释性问题，因而被大多数顶级金融机构所采用。建立知识图谱需要将数据存储为图的结构，这使得跟踪数据的更改历史、数据在哪些地方被使用及谁使用了哪些数据变得非常简单。

另一个具有巨大潜力的领域是对可解释预测的研究。这意味着可以知道特定预测使用了哪些特征及什么权重。目前，在使用图进行可解释的预测方面有很多活跃的研究。例如，如果将神经网络中的节点与带标记的知识图谱关联起来，当神经网络使用一个节点时，可以很快地根据知识图谱获得所有关联节点的相关数据。这样，可以遍历激活的节点并从其邻居数据推断出有意义的解释。

可解释的算法使我们能够了解是哪些单独的层和阈值选择产生了相关预测。在这个领域形成实际解决方案还有很长的路要走，但前景诱人。一些研究包括在加权图中构造张量线性关系(tensor)。初期的成果显示确实有可能在每一层找到特定的解释和相关系数。

人工智能和机器学习具有很大的应用潜力,而知识图谱解锁了这种潜力。这是因为知识图谱技术支持领域相关知识和关联数据,使人工智能变得更广泛适用。

3.4 数据虚拟化

数据虚拟化是一种数据管理技术,允许以一种抽象和统一的方式访问和查询分散在多个数据源中的数据,而无需将数据复制或集中存储在一个单一的地方。数据虚拟化的基本概念包括:

(1) 统一数据访问:数据虚拟化将多个数据源(如数据库、数据仓库、云存储、Web 服务等)的数据视为一个统一的数据源,用户可以通过单一的查询接口来访问这些数据,而不需要了解底层数据源的细节。

(2) 数据抽象:数据虚拟化屏蔽了底层数据源的复杂性,将数据表示为抽象的数据模型,使用户能够以更简单的方式理解和查询数据。

(3) 实时数据访问:数据虚拟化可以提供实时数据访问,确保用户在查询数据时获得最新的信息,而不受数据更新频率的限制。

(4) 数据集成和联接:数据虚拟化允许将不同数据源中的数据集成和联接,从而支持跨数据源的查询和分析,有助于综合利用其数据资源。

(5) 减少数据复制:与传统的数据集成方法(如 ETL)不同,数据虚拟化不需要再集中存储或复制数据,这可以减少数据冗余和维护成本。

(6) 支持多种数据源:数据联邦可以包括关系数据库、NoSQL 数据库、云存储、文件系统等各种数据源。

(7) 安全性和权限控制:数据虚拟化可以提供细粒度的安全性和权限控制,以确保只有经过授权的用户才能够访问特定的数据。

数据虚拟化意味着什么?以各种不同的格式描绘数据所在的所有不同数据源系统中的数据。数据虚拟化是一个虚拟化的架构层,它"位于"这些数据源之上并将它们连接起来(注意:这与"数据可视化"不同,"数据可视化”是指有助于解释数据的图表和图形等内容)。

将数据虚拟化层视为抽象层,这意味着不需要获取数据通常需要的所有开发工作(如 API 调用、数据管道等)。实时更新可确保源系统和虚拟化层中的数据正确无误。

数据虚拟化是数据编织的一个方面,数据编织是一个架构层和工具集,用于连接不同的数据集以创建统一的视图。由于虚拟化数据层,因而不需要从数据所在的位置迁移数据,如在数据库、ERP 或 CRM 应用程序中。数据可以位于本地,也可以位于云服务中。

术语“数据虚拟化”和“数据编织”有时可以互换使用,但注意数据编织的范围更广一些(并且更侧重于使数据可用)。位于虚拟化层的数据必须以某种方式付诸行动,而数据编织提供了实现这一目标的工具集,可以连接、关联和扩展数据虚拟化层。

关于数据编织或数据虚拟化方法,一个关键点是:数据实际上永远不会移动,没有迁移时间或费用。尽管数据仍保留在其源位置,但可以将其用于分析或为其他应用程序提供数据。与数据仓库相比,这是一个显著的差异。

数据抽象是数据编织如何实现数据管理优势的关键。数据抽象是删除与特定上下文无关的细节以强调与给定目的相关的其他细节的过程。作为第一步,数据抽象删除了源数据格式和位置的详细信息,从而强调了源提供的数据内容(图 3.32)。

数据抽象层以物理或虚拟形式提供数据。数据管道创建物理抽象数据对象(abstract data object,ADO),而数据虚拟化技术创建虚拟 ADO。虚拟化是一种好的方式,因为它通过不复制数据来降低数据移动的成本和风险。但是,有时性能问题或安全限制需要复制和移动数据。数据编织需要同时做到以下四点:

(1) ADO 和派生数据视图

抽象数据支持广泛的分析用途。镜像源对象的 ADO 会创建一个逻辑数据湖,以支持数据科学对灵活数据浏览和混合的需求。此外,高级用户可以通过准备函数访问 ADO,以创建针对特定分析用途进行优化的派生数据视图。这些派生的数据视图可以支持多种方案,例如,可以作为商业智能的

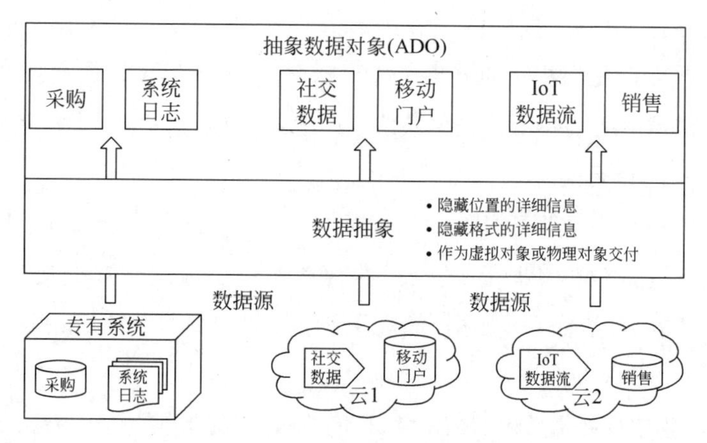

图 3.32 抽象数据对象的创建

一致性数据集，也可以作为预测模型的准备好的数据输入(图 3.33)。

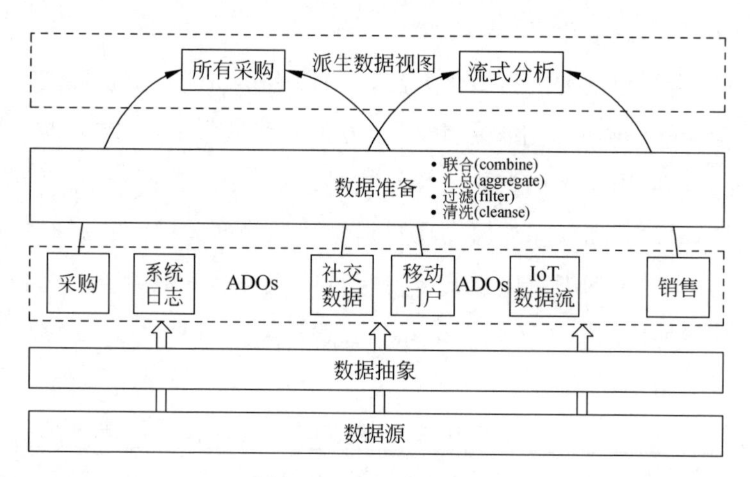

图 3.33 派生数据视图

(2) 元数据

元数据是数据编织的基础，数据编织使用元数据来创建其抽象层。抽象隐藏了数据位置和格式的详细信息，而元数据会跟踪这些详细信息，以便在连接到源、检索数据和使 ADO 可被发现等功能中使用。数据编织还使用元数据来支持 AI 驱动的流程，从而自动执行数据分类和准备等流程。

(3) 联邦查询

联邦查询(federated query)是一种数据库查询方法，允许同时查询多个分散在不同数据源或数据库中的数据，将这些数据源视为一个单一的虚拟数据库。联邦查询通常用于分布式数据环境，其中数据存储在多个地方，如不同的数据库服务器、云存储、数据仓库等。这种查询方法的目的是提供一种统一的方式来检索和分析分散的数据，而无需将数据合并到一个中心位置。

(4) 数据联邦

数据联邦(data federation)是支持联邦查询的数据管理和整合方法，涉及将多个数据源的数据虚拟化，使其在逻辑上表现为单一的数据源，以便进行联邦查询。数据联邦的优势包括减少数据冗余、降低数据集成成本、提高数据的可用性和灵活性，适用于企业需要跨多个数据源进行查询和分析而不希望将数据集中存储在一个地方的情况。

数据虚拟化带来了一种合并来自不同来源的数据的新方法，使用户能够更轻松地访问数据。数据虚拟化大大缩短了编译和交付这些业务洞察的时间，从数周缩短到按需提供。数据虚拟化可以以一种简单直接的方式支持元数据管理。通过为数据所有者提供一个比以前更容易管理元数据的方式来增强数据治理流程。数据虚拟化功能与数据目录相结合，可以使整个企业的用户轻松识别相关数据，并将其整合到企业的财务、人力资源和保险流程中。

虚拟化平台公开 API 的能力为应用程序和数据集成创造了一个新市场，包括通过业务线进行近乎实时处理的机会，而不是创建更多的 ETL。所有这些功能结合在一起，成为数据编织的基础部分，减少了提供新数据服务和可重用性的摩擦，而无需增加更多数据治理。

数据虚拟化的另一个好处是提供对集中式数据质量服务的访问，从而在整个企业中取代多个一次性服务。通过更好的元数据管理和数据目录，可以提供更轻松的发现和访问管理功能，增强了治理能力，并提高了安全意识。元数据管理与数据目录功能相结合，用户以前所未有的方式发现、治理和访问数据，从而更接近数据民主化的愿景。对于数据虚拟化，请记住下面三个数据集成事实：

(1) 数据虚拟化连接数据，数据仓库/数据湖仅收集数据。

(2) 数据虚拟化创建了一个虚拟层,允许用户执行与数据全部在仓库中相同的操作,但速度更快,无需任何迁移工作。

(3) 数据编织使用数据虚拟化层使业务和IT部门能够使用数据并节省时间,以便创建更具创新性的产品和服务。

3.5 数据编排和DataOps

"数据编排"或"数据编排工具"(data orchestration)是指对数据流程和数据任务进行协调和管理的过程,包括将不同数据源、数据处理步骤、数据传输和数据转换等组合在一起,以实现数据的流动、处理和分发。

数据编排工具允许创建复杂的数据工作流,以确保数据在正确的时间和地点得以使用。这些工具通常包括任务调度、工作流设计、数据传输、数据转换和数据质量控制等功能,以支持数据集成、ETL(抽取、转换和加载)、数据分析和报告等任务。

数据编排在大数据处理、云计算和数据分析中特别重要,因为它有助于优化数据流程,确保数据的可用性和一致性,提高数据处理的效率,并降低数据管理的复杂性。数据编排工具通常用于协调数据流程以满足特定的业务需求和分析目标。

数据编排的数据工程平台旨在促进数据和元数据编排的各个方面,允许数据专业人员直观地工作,使用元数据来描述应如何处理数据。可视化设计使数据开发人员能够专注于他们想要做的事情,而不是需要如何完成该任务。

数据编排引擎的设计应尽可能灵活,所有功能通过插件添加的最佳方案是数据编排应适用于任何场景,从物联网(IoT)传感器到大量数据,无论是在本地、云中、裸操作系统上还是在容器中。

数据编排工具可在可视化开发环境中创建工作流和管道。这些工作流和管道可以在各种数据处理引擎上执行:工作流和管道可以在本地和远程的本机跃点引擎上运行;流水线还可以通过开放流程管理接口,如Apache Beam运行时配置在Apache Spark、Apache Flink上运行。

在数据编排引擎的工作流和管道中，可以对数据应用进行各种操作：读取和写入各种源和目标平台，组合、丰富、清理数据并以许多其他方式操作数据。根据引擎和所选功能，数据可以批量处理、流式处理或批处理/流式处理混合处理。数据编排可以用于以下场景：

(1) 利用云、集群和大规模并行处理环境将大型数据集加载到数据库中。

(2) 数据仓库填充，内置支持缓慢变化维度(slow change dimension，SCD)、更改数据捕获(change data capture，CDC)和代理项键创建。

(3) 在不同的数据架构之间集成，结合关系数据库、文件、NoSQL 数据库，如 Neo4j、MongoDB、Cassandra 等。

(4) 不同数据库和应用程序之间的数据迁移。

(5) 数据分析和数据清理。

“DataOps”是指将类似 DevOps 的 CI/CD(持续集成、部署)原则应用于编排数据。通过采用 DataOps，企业可以将产品开发实践应用于其数据编排，以提供更敏捷、更严格的数据交付实践。DataOps 是包括人、流程和技术的一组体系，用来管理代码、工具、基础架构和数据本身，从而实现三个核心功能：

(1) 将 DevOps 的敏捷开发和持续集成应用到数据领域；

(2) 优化和改进数据管理者(生产者)和数据消费者的协作；

(3) 持续交付数据流生产线。

图 3.34 高度抽象地体现了 DataOps 的三要素：持续集成、持续交付、持续部署。

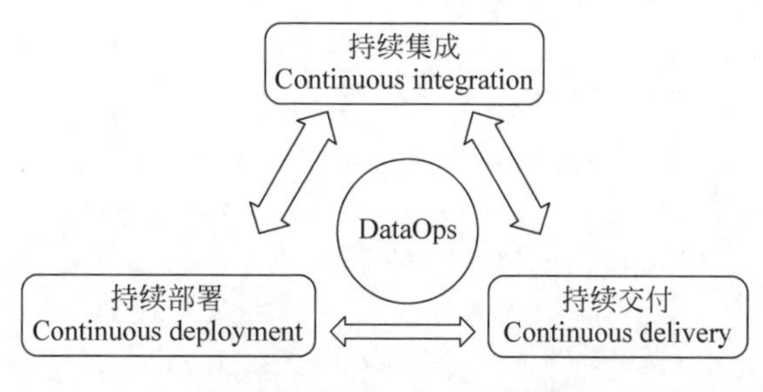

图 3.34　DataOps 三要素

DataOps是一种协作式数据管理的实践，致力于改善企业中数据管理者与使用者之间数据流的沟通、集成和自动化。通过数据编排工具的加持，DataOps可以带来如下收益：

（1）提供实时的数据洞察能力；

（2）加速数据应用的构建过程；

（3）让数据价值链的每一个角色都能更好、更高效地协作；

（4）提高数据的透明度，从而能够更好地产生数据创新和增进协作；

（5）提升数据和数据服务的可复用性；

（6）优化数据质量；

（7）构建一个统一的、标准化的、同源的数据协作平台。

第 4 章

语义知识图谱数据集成

大多数人都将关注点集中在使用知识图谱进行数据编织中的元数据管理和数据编目，这是一个重要的基础，但错过了图数据模型的真正价值，即集成数据本身。基于上述数据集成需求和功能，语义增强知识图谱必须针对元数据和数据进行扩展。

(1) 元数据

语义增强知识图谱用来管理和建模整个数据编织中的所有元数据，包括源系统元数据、业务概念、本体、转换、规则、分析、访问控制，甚至底层云基础设施。除了为开发团队提供一个方便、自相似的体系架构和编程模型外，还为元数据目录使用语义图模型提供了大量的外部好处。

首先，想象一个有机的、随着时间的推移去中心化和协作建立的数据结构，而不是一个集中的、自上而下的数据管理策略（即数据仓库），该策略在“完成”时已经过时。当用户使用语义增强知识图谱目录用户界面来加载、建模、混合和访问编织中的数据时，它们实际上在后台与一个复杂且描述良好的语义增强知识图谱进行交互。这个知识图谱有助于协作，同时捕获了每个用户为集成数据集所做的一切，以支持安全性、治理和高效重用。

其次，语义增强知识图谱的方法基于可重用的业务概念来组织元数据。这种架构称为元数据中心，即图 4.1 所示的元数据驱动工作流，允许随着时间的推移自动化程度不断提高。随着被编织数据的增长，架构、映射、数据源和模型围绕数据编织逻辑集成中心的常见业务概念不断积累。每一项新的业务活动数据的增加，都通过自动化方式充分利用了底层元数据需要很少的手动操作。

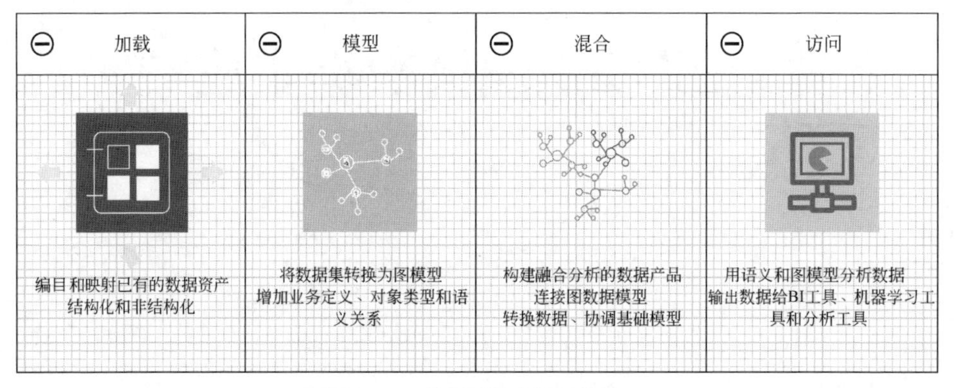

图 4.1　元数据驱动的工作流

最后，通过使用元数据的语义图，语义增强知识图谱提供了一定程度的开放性，其他解决方案和产品中经常缺少这种开放性。数据编织的所有方面都用 RDF 和 OWL 描述，并且可以通过 SPARQL、命令行 Cypher 或 RESTAPI 进行访问，开放元数据模型使企业能够根据需要与其他目录集成并将功能迁移到其他工具。

(2) 数据

数据的有效使用对于数据编织来说同样重要，语义增强知识图谱的数据编织就是数据本身。仅使用图来编目数据源、管理模型和词汇表或虚拟化查询的解决方案远远不能实现语义增强知识图谱的真正价值。

语义增强知识图谱的底层是一个分布式属性图数据库，如图 4.2 所示，图数据模型可以扩展到 1000 亿甚至数万亿的事实三元组，即通过有意义的查询(包括联接、聚合、分析和推理)来高效查询的图。语义增强知识图谱以集群中每个节点每秒数百万个三元组的速度将数据从磁盘或 API 并行加载到内存中，自动分割数据，无需索引或用户输入。语义增强知识图谱并行执行查询，使用集群中的每个核心——最多 100 个节点和 1000 个核心。如果任何特定的查询返回速度不够快，只需添加更多的计算即可。所有查询都

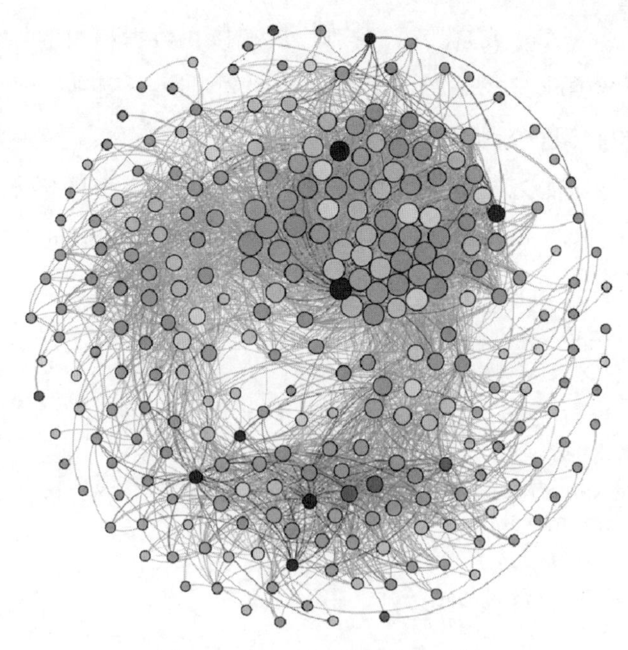

图 4.2　复杂的图数据模型示例

是并行运行的，与使用的构造无关。语义增强知识图谱使用的图数据库可以扩展以容纳任何数量的数据和任何分析或集成查询。

数据编织利用语义增强知识图谱的强大功能，让日常用户将数据集成到图形中，数据编织使用上面描述的元数据功能来管理图的构建、转换、保护和查询过程。

(3) 图形集市

语义增强知识图谱是数据编织中的一种元数据驱动结构，用户可以通过一种名为命名空间的“数据层”的新结构来组织、组合、连接和转换来自不同来源的数据。数据编织中的每个数据层都为整个数据编织贡献了一个逻辑子图。每个层都是单独固定的，并且可以动态地打开和关闭。数据编织使用语义增强知识图谱中的一组层将数据加载到底层分布式属性图数据库中，或者运行查询来转换图，从而在内存中创建新的事实三元组。底层分布式属性图数据库引擎的强大功能使语义增强知识图谱能够在所需的子图中管理 10 亿～100 亿个事实三元组，同时允许用户快速迭代他们的语义增强知识图谱设计和数据模型。

用户通过 Cypher 或自然语言接口，或直接在数据编织的探索性分析环境中，从任何数据科学或分析工具查询语义增强知识图谱。语义增强知识图谱根据用户权限查询所有层。

总之，这些功能为在语义图中集成数据提供了完全的灵活性。图 4.3 的示例说明了语义图模型的各部分是如何从不同的源加载的。

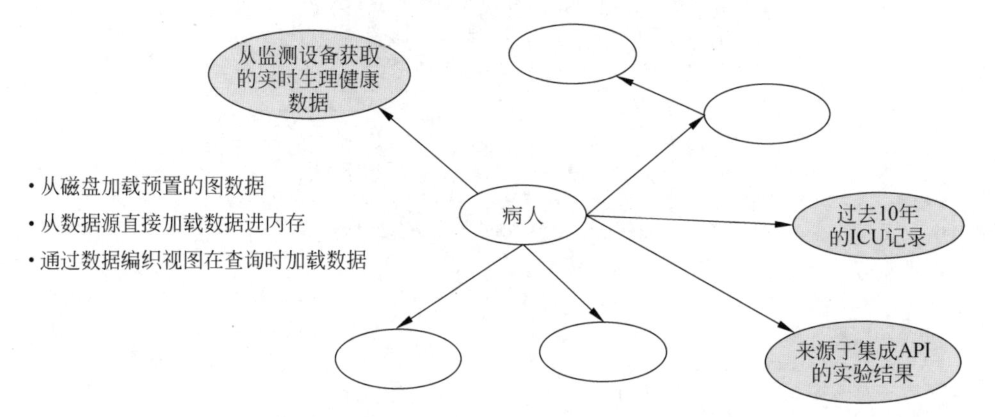

图 4.3　语义增强知识图谱通过三种选择进行数据加载

从用户的角度来看，如图 4.4 所示，所有数据都以相同的方式通过语义图模型进行查询和分析。特别是，用户可以从任何 BI 或分析工具访问集成数据，而不需要专业技能或图形查询语言知识。

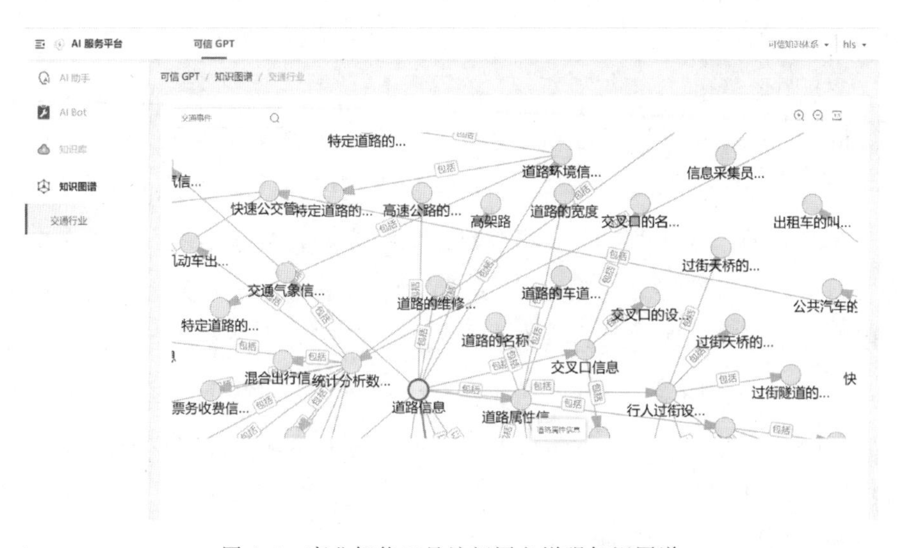

图 4.4　商业智能工具访问语义增强知识图谱

(4) 语义对齐

语义对齐指用于数据集成的各数据层在语义上对齐。一旦通过上述技术上的 ETL 或 ELT 方法将来自单个源的数据加载到语义增强知识图谱中,就需要通过"命名空间"分层来集成来自每个源的图模型。用户定义额外的数据层来协调这些不同来源的数据。在图 4.3 的例子中,转换步骤建立了一个规范的"病人"节点,并连接来自图形模型每个部分的相关数据。这些步骤也在内存中并行运行,允许用户在全尺寸数据集上快速迭代集成方法。语义图模型最终允许一定程度的保真度,能够表示跨多个连接的源数据。

4.1 现代数据集成要求

问题:语义增强知识图谱可以大规模集成数据吗?回答:是的,但实施起来不简单。

语义图数据模型特别适合应对现代数据集成要求的速度和复杂性,同时,又能与大语言模型互相协同,形成数据与知识双轮驱动的现代智能化数据的基础设施。

决策者对其数字化转型举措的速度、灵活性和规模抱有期望。满足这些期望的核心是能够快速集成整个业务的数据,同时处理复杂性和不确定性。现代数据的管理策略通常需要满足以下要求:

(1) 面对现实世界中的数据复杂性,快速行动。

(2) 使用通用业务数据模型展示数据集和数据产品。

(3) 解决意料之外的问题和要求。有效地使用数据和元数据的语义图数据模型是满足上述数据编织要求的最佳方式。

(4) 以 RDF 表示并由 OWL 模型(本体)定义的语义图非常灵活,不需要用户在加入数据或了解分析需求之前预先定义它们。

(5) 语义图模型从根本上支持模型在业务术语中的表达。

(6) 语义图模型是为意料之外的问题而设计的。

传统的数据分析师建议只使用图技术进行元数据管理和编目,而数据本身独立于图技术而存储。语义图模型确实非常适合元数据管理和编码，数据编织将基于 W3C 的语义标准与属性图数据库整合，提供了丰富的集成层，真正解决了分布式数据集成问题。

数据编织向各行各业的客户证明了这一能力，解决了大规模数据集成，这些用例中的每一个都包括数十个数据源、复杂的数据集成及数十亿个与语义图模型连接和集成的数据点。数据编织是一种用于现代数据管理的体系架构，以速度和规模连接整个企业的数据。

任何数据编织成功的核心是一种敏捷的集成覆盖，它将复杂多样的数据融合到易于使用的数据产品中，供最终用户、数据科学家和应用程序使用。对于任何现代数据体系架构来说，这个集成层必须是可扩展的和自动化的。面对复杂性和变化，数据编织中的集成必须快速而灵活。企业数据环境包括许多数据源，如现代数据源和遗留数据源，无论是在云中还是在本地。这些来源包括数据仓库、事务数据库、数据湖、文档存储库、云应用程序和文件系统，具有许多不同的文件格式、API、物理模型和逻辑模型。数据编织简化了集成，允许快速添加新的源。

数据编织基于用业务概念描述的常见模型来呈现数据，即人们对数据本身的思考方式，以及数据源和数据元素之间的连接。数据消费者使用这些常见模型来访问对其分析任务最重要的数据集或数据组合，应用程序根据需要绑定到基于这些常见的模型中。

数据编织解决意料之外的问题和需求。传统的数据集成方法，包括数据仓库，是为了适应基于已知数据源的预定义业务问题集而设计的。数据编织集成了业务中的所有数据，能够适应新的问题，以及动态查看数据的新模型和方式。数据编织可容纳新的分析用例和计划，而无需从头开始。数据编织"颠倒"了传统的应用程序开发过程，并产生了一个特设的"问答"层，使用户能够"知道企业知道什么"。每次用户有新问题时，IT 就不再需要准备数据来回答这个问题。

基于关系或矩形数据模型（包括数据库或数据湖）的数据编织方法本身无法满足这些要求，只有可扩展的语义增强知识图谱可全面解决上述数据集成要求。

4.2　深入理解通用语义层

什么是语义层？语义层是一个抽象层，它将数据的物理视图与业务用户看到的视图分开。语义层提供了更易于理解和处理的数据的逻辑视图。通过提供更有利于业务的数据表示形式，充当原始数据和业务用户之间的桥梁。例如，典型的销售数据存储将包含单独的表，用于在电子商务网站、商店和其他渠道上进行的计费交易。企业将使用其他表来存储产品信息、客户数据、营销活动数据等。企业用户需要这些数据来回答诸如"在进行本地数字广告活动后，上海地区的产品销售增长了多少？""杭州'双 11'消费的最高收入产品组合是什么？"，或者"通过应用程序销售的平均订单价值是否比去年有所提高？"。

但是，查找答案需要使用联接、筛选器或其他复杂操作从多个表中查询、提取和聚合数据。用户必须了解底层数据结构和表之间的复杂关系，并熟悉 SQL 等查询语言。如果没有这些知识，业务用户必须依靠数据分析师来提供答案，从而产生依赖关系和延迟，并削弱对二手见解的信任。此外，这个过程阻碍了他们自己探索数据以获得更深入的见解并从中获得可立即采取行动的专项情报的能力。

与示例中一样，业务用户需要维度（例如，时间、位置）、指标（例如，平均订单价值、增长）和聚合（例如，收入），但物理数据存储实际上包含字段和架构。语义层充当业务用户和基础数据源之间的虚拟层，创建基础数据的业务视图，使用户能够访问和分析它，而无需技术专业知识或其存储结构知识。

语义层负责将复杂的底层数据抽象为熟悉的业务术语（如销售、收入、客户和产品）的繁重工作，从而在团队之间建立通用的标准化语言。

为什么语义层对于分析和数据科学团队探索建模和理解我们的物理世界的过程如此重要、有用和有价值？

语义层提供了企业数据的单一、一致的定义，同时也支持在洞察和分析的创建过程中实现运营改进（如商业智能和人工智能），包括自主数据访问和快速数据产品创建，结合了快速数据建模、虚拟化数据流水线、自动数据聚合和优化的查询性能。

为了对我们试图分析的流程、活动、人类行为循环及任何其他现象进行建模和理解，我们需要从一个共同的定义出发，明确我们正在研究、建模、预测和规划的内容。

分析和数据科学团队面临的最具挑战性的问题之一是达成关于数据元素、数据元素之间的关系、人员、流程、时间、地理位置、模型、变化速率和概念的共同定义。

当谈论性别、地理位置或我们在建模工作中将使用的数据的任何其他维度或描述时，应该采用什么定义？需要从对基础数据和正在构建的基础模型的共同理解开始。

以图 4.5 中的“北京”为例。我们是在谈论北京的法律定义，即城市边界的划定吗？还是在讨论包括周边县的北京城市区？这将产生重大差异，因为涉及地理尺寸、人口和民族构成等方面的不同。

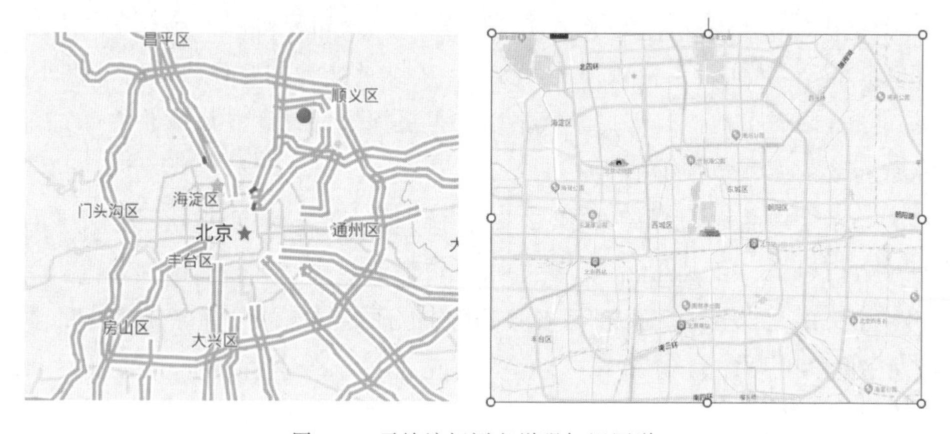

图 4.5　无缝访问语义增强知识图谱

如果你曾参加过讨论基本性能度量的会议，很多时候，讨论开始时是关于谁拥有“正确”数据的辩论。谁拥有将成为讨论基础的数据？这个问题在数十年甚至数千年来一直存在困难。

语义层是解决这个问题的方案。语义层是我们作为合作者及整个企业共同决定、定义和记录数据、流程、人员、分析模型等各种定义的协议的地方。

首先，可以利用语义层来定义基本概念，比如“北京”作为一个都可以使用和达成共识的实体。我们不仅需要一个实体的定义，在许多情况下，还需要关于这个实体的概念、属性数据等的定义。

再次以“北京”为例。对于法律分析和政府项目的工作定义，“北京”以法律意义被定义。语义层将保存该城市的定义、边界、人口和相关统计数据。对于营销项目和目的，“北京”需要被定义为包括周边区县的城市区，其中包括邻近天津和河北的部分地区。语义层可以保存和维护这两个定义。语义层是所有对象的定义，从简单到复杂的都可以。

语义层保存了所有可能对象、概念和元素的定义，需要对其进行定义，同时还保存了超越数据的对象的定义。语义层是为模型、流程、组织、概念等创建和维护定义的地方。

在高级分析和人工智能中，随着 AI 模型和环境变得越来越普遍和复杂，建立在经过记录、理解和能够向企业高管、监督委员会、政府机构等解释的定义之上将是必不可少的。语义层是这些定义和这些定义的演变将被保存、管理、维护和用于内部和外部目的的工具。

时间也在这个讨论中起着作用，因为定义是会改变的，它们会随着时间和目的的变化而演化和变形。这些定义从一个状态到下一个状态的演变需要被记录和维护。语义层是维护这些信息和知识的工具。

城市会发生变化，同样，模型也会不断变化。语义层是一个可以存放随时间发生的所有这些定义的地方，可以提供关于数据、定义、模型等演变的文档。

在高级分析和人工智能中，企业记录其分析方法和模型的变化是至关重要的。此外，随着企业在其建模和分析工作的扩展中纳入越来越多的数据源，需要了解、记录和维护每个数据源和数据元素之间的关系。语义层是记录这些定义、关系、版本、变化及演进过程的理想之地。

可解释人工智能(XAI)是人工智能领域的重要发展。可解释人工智能使我们能够创建人类可读的文档，解释模型是如何做出所有调整和决策的。主要原因之一是，我们现在可以使用强大的人工智能工具来解决最棘手的问题。特别是在法规机构和政府要求公司能够解释和描述它们的模型工作方式的情况下。在制药和金融等行业，法律要求这些行业的公司必须清楚地解释它们的人工智能模型是如何运行的。语义层是存储和管理可解释人工智能模块的输出的最合适地方。

所有领先的企业都在建立人工智能环境，并利用数据和分析来扩展它们在选择的市场中的竞争优势。人工智能、数据和分析是复杂的事业，需要智慧、资源、投资、愿景和毅力，并不是所有企业都具备这些特质。

除了这些有形和无形的特质之外，企业需要投资于使人工智能成为可能的基础设施。大多数人都知道他们需要服务器、软件、数据库、分析工具等，但并非所有企业都知道领先的企业用来构建坚实、可扩展、灵活和有价值的基础的工具，他们的人工智能业务可以依赖和发展。

踏入人工智能世界的旅程不是一个单一的项目或计划，也不是一次性的尝试。通过人工智能参与市场是一种心态，是一种没有终点的运营方式，也是一种工作方式。要参与人工智能的世界，需要在如何查找、定义、利用和使用数据方面达到一流水平；不仅仅是单一数据源，而是众多数据源；不仅仅是单独的数据，而是各种各样的数据源，它们相互关联并以多种不同的方式集成。这种人工智能和数据环境需要被理解、记录和管理。如何完成这么艰巨的任务呢？其中一种方式是使用语义层。语义层成为一种能够不仅使用数据，而且能够利用数据获取可度量和可重复的竞争优势的技术。

尽管语义模型在商业智能工具中运行良好，但随着企业越来越多的业务功能成为数据驱动型，不同的部门开始采用不同的 BI 工具。Gartner 在 2020 年进行的一项调查指出，企业中使用的 BI 解决方案的平均数量为 3.8 个，其中 67%的受访者可以使用多个解决方案。当用户在不同的商业智能(BI)工具中创建自己的语义模型时，会导致孤立的报告，这反过来又导致多个版本的业务逻辑、使用不同的指标及一个企业内对相同数据的不同解释。由于在业务术语中没有通用的数据表示形式，单一事实来源变得难以实现，语义层也失去了一些优势。

在这些问题的推动下，企业需要找到一种解决方案，在不同的商业智能工具和业务功能之间创建单一数据视图。此外，随着数字化带来的数据量爆炸式增长，需要迁移到能够处理大量企业范围数据的现代数据平台。这也创造了一个机会，可以在所有报告、分析和可视化解决方案中建立标准化语义，从而使商业智能系统架构师重新考虑通用语义层。

通用语义层是作为数据源和所有商业智能工具之间的专用层实现的。无论用户选择哪种商业智能工具，通用语义层都允许他们使用相同的语义和基础数据层，从而获得一致且可信的见解和报告。与之前的碎片化实现相比，通用语义层具有明显的优势，通过提供多种好处而获得了中心位置。数据编织架构下的通用语义层的优势如下：

(1) 连接到多个 BI 和数据科学工具，并支持各种查询语言，提供灵活性和与不同平台的兼容性。

(2) 在各种数据源上工作，提供虚拟化和联合功能，使业务用户能够访问来自多个来源的数据。

(3) 允许用户定义复杂的计算并表达复杂的业务逻辑，以从他们的数据中获得更深入的见解。

(4) 允许企业在不影响数据的现有业务视图的情况下添加或升级数据源。

(5) 简化对安全和治理流程的监控和管理，同时遵守企业的策略和法规。

(6) 优化无缝数据访问，消除冗余和延迟。

数据编织架构下建立一个通用语义层是关键基础，以便为业务用户提供所有企业数据的一致视图，并使他们能够进行快速分析。在所有数据源之上创建语义层可确保快速访问单一事实来源，从而促进整个企业对维度和指标的共同理解。精心设计的高性能语义层使业务用户能够更有效地利用数据，提供可操作的见解并推动更快的决策。

4.3　语义增强知识图谱

作为一种概念、框架和生产工具，知识图谱在整个数据生态系统中比以往任何时候都更加普遍，其日益增长的影响力反映在现有最著名的科技公司(包括微软、谷歌)的企业规模部署及《财富》1000强的企业数据战略中。

Gartner称知识图谱是为机器学习和人工智能准备数据的合理手段,是通过图技术表达人工智能本身的一种方式。因此,市场上出现了几乎无穷无尽的图数据库供应商、用例和知识图谱的变体,每一个都声称是这种集成数据和利用高级分析的有价值方法的真实代表。由于冲突的定义比比皆是,因此必须消除它们的歧义,以了解企业级数据集成部署实际需要什么,我们将语义增强知识图谱重新定义为"语义增强知识图谱是应用于建模、集成和访问企业信息资产的数据和相关元数据的连接图。语义增强知识图谱表示真实世界的实体、事实、概念和事件,以及它们之间的所有关系,从而更准确、更全面地表示企业的数据和知识"。

数据编织平台中的语义增强知识图谱平台使知识图谱本身成为最终用户直接访问、集成和分析数据的方式,或者作为操作人工智能和分析应用程序的基础。因此,能够处理的数据规模代表了与传统知识图谱的主要区别点。知识图谱的成功已经超越了仅小型应用程序是有用的,如今的知识图谱部署通常是数据编织等战略计划的基础,并支持高级分析用例,包括以下内容:

(1) 成百上千的数据源;

(2) 数百个用例;

(3) 图中有数千亿RDF三元组(包括节点和边);

(4) 数十名不同背景的用户构建和管理图形;

(5) 成千上万的用户分析数据并从图表中访问数据;

(6) 与大语言模型互相协同,解决语言模型的幻觉问题。

这样的语义增强知识图谱需要的不仅仅是一个图谱数据库,而是许多首次创新的人在这个领域的实际起点。为了实用和成功,一个完整的、可扩展的语义增强知识图谱平台需要满足以下六个要求:

(1) 任何来源

无论来源的结构变化、格式差异、各自的数据模型或最初的其他区别如何,真正的企业语义增强知识图谱都是从许多来源构建和维护的,没有妥协。数据编织平台的第一个要求是能够灵活集成任何数据源,而不考虑变化。这种必要性包括轻松地连接到源，并针对意外问题流畅地更改这些连接和图形的底层数据模型。随后，用户可以重塑图形，将结构化数据与充斥企业的剩余非结构化和半结构化数据集成在一起。可伸缩图还可以容纳任何类型、格式或数据模型的数据，无论是企业内部还是外部的数据。

这种多功能性自然延伸到企业如何连接到源。例如，金融交易的外部新闻报道，最好保留在原地，并作为虚拟来源访问。其他数据仓库，如包含销售信息的数据仓库，保证与本地数据及其元数据目录进行更紧密的集成。源是在本地、云中还是在混合云中都不重要。例如，知识图谱应该支持一系列影响对冲基金机会的非结构化和结构化来源。它们应该很容易地将天气数据等新来源纳入有关影响房地产的气象趋势的特别问题中，而不会像其他平台经常发生的那样，在改变数据模型方面出现长时间的延迟。可验证的企业规模图谱证明了企业的未来性，降低了用户采用它们的风险。

(2) 高性能加载和高效存储

如果不自动化并加快将源数据加载到知识图谱中的速度，并提供高效存储图数据的选项，就不可能实现覆盖全企业大规模的数据。

上述对源数据包容性的要求隐含了企业级图数据的高性能加载和存储。自动化加载对于跨企业扩展图表至关重要，这样用户就可以快速加载并连接数据，以获得大规模用例，如临床试验分析。在这一领域，运用并行图形管道创建图形数据，并将其持久化到高效的商品存储中，以便随后在内存中加载或及时快速将所需数据直接加载到内存中。

有了语义增强知识图谱平台，元数据驱动的目录对于管理知识图谱的生命周期至关重要，包括将任何数据转换为统一的数据模型。该目录包含丰富的元数据描述，为来自任何来源的元数据驱动的图转换(ETL 或 ELT)提供了基础，如上述来源或其他图。转换后，通过专门检测数据之间关系的自动查询来协调数据，以实现任何用例的关键上下文化。该目录是工具包的基础，支持知识图谱过程的日益自动化，以及用于数据操作、分析和模型开发的人工智能和机器学习。

存储效率对于满足这一要求也是至关重要的。通常最好的做法是只存储企业需要的东西，存储整个图可能会增加数据操作和存储成本。例如，在为临床试验组装庞大的数据集时，目标是快速加载，并且只存储优化分析所需的数据。

(3) 灵活的部署

如果企业无法将语义增强知识图谱部署到最有利的地方，无论是在本地还是在云中，那么知识图谱能提供的效用有限。在任何地方部署知识图谱的灵活性对业务最有利，并直接影响成本。最经济实惠的操作环境通常不需要额外的投资。可扩展的数据编织知识图谱平台应该为用户提供在本地和任何应用等标准部署机制的云类型中利用商品虚拟机的灵活性。云包括内部混合、公共或私人选项或公私混合。

Kubernetes 的吸引力在于能够动态协调大规模工作负载的供应，比如在"黑色星期五"或"网络星期一"等活动期间对销售进行实时分析，然后在需要时迅速将其剥离。这种方法还可以使企业在当今的多云现实中获得稍纵即逝的定价机会。

无论环境如何，最具成本效益的语义增强知识图谱部署都会利用现有的基础架构。语义增强知识图谱平台必须补充企业的数据平台，而不是抛弃已有的数据平台。例如，在阿里云或华为中运营可扩展数据湖的企业应该选择一个与投资协同工作或增强投资的数据编织平台，而不是取代数据湖。

(4) 大规模交互式查询

必须以交互方式遍历整个数据编织知识图谱，以支持分析、数据准备和数据访问的查询——利用分布式联邦架构。实时无缝查询整个图的能力代表了可扩展性问题的关键，将企业级知识图谱与支持有限数量用例、数据集、用户和节点的知识图谱区分开来。如果用户无法在部门之间或部门内部快速遍历任何用例，后者将永远不会提供企业级的实用程序。低潜在查询速度普遍适用于任何数量的重复出现的知识图用例，尤其是从分析中获得的业务价值。例如，研发团队可以对销售、营销和客户支持部门进行跨部门分析，以确定在未来的迭代中产品和服务的哪些新功能对客户最有价值。

实时查询还丰富了高效迭代加载和转换数据所需的 ELT 或转换步骤，并使其在企业规模上可用。查询速度对于访问数据至关重要，无论数据在图中的哪个位置,都可以用于数据发现和其他目的。及时的查询在很大程度上有助于重塑数据工作,并且是企业语义增强知识图谱的关键能力,查询速度与知识图谱的增长相匹配或超过,否则新的用例的快速扩展使查询成为棘手的问题。

促进这些能力的最有效方法是跨集群中的多个核心和内存技术对每个查询进行大规模并行化。特别是,查询引擎必须支持分析和数据集成所需的 OLAP 风格的查询。一些知识图谱平台支持对有限种类的手工编码查询的快速响应时间,通常使用 OLTP 设计点。为了实现数据结构规模的集成和分析,图形引擎必须擅长图形算法、遍历、数据科学原语——通常组合在同一查询中。

(5) 与开放标准轻松对接

语义增强知识图谱应使用开放标准,使所有用户和应用程序(内部和外部)都能与之对接,无论技术能力如何。最终,任何可扩展知识图谱的优点都是基于其易用性及在整个企业中加速普惠化访问业务就绪数据产品的能力。非技术用户、开发人员、内部应用程序和外部应用程序都应该能够轻松地与平台对接,特别是其功能可访问性。

虽然多种图形标准正在出现,但最容易访问的知识图谱采用了基于语义的标准,以跨部门理解的业务术语描述数据和关系。与使用其他类型的平台不同,理解这些图的内容可以减少 IT 参与,并减少对深奥的编码技能的交互需求。在 RDF 和 OWL 的领导下,这些语义标准对于图形、用例、词汇表甚至整个企业(如子公司、合作伙伴或供应链网络)之间的系统互操作性至关重要。

语义图是为协作和交换数据而设计的。在整个企业中,用户可以从一项投资中组装和使用相同的知识图谱来满足个人需求,尤其是在满足下一个需求中解决的治理和安全问题时。支持自动生成查询的知识图谱平台增强了语义图的易用性,即使是外行也可以进行特别的数据探索。类似于自助式商业智能工具的基于浏览器的直观体验,通过任何用户都可以访问的简单直观的方式提供这些体验。

同样的查询生成功能应该为外部应用程序提供 REST 和 ODBC/JDBC

端点,这样用户就可以从流行的分析工具(Qlik、Power BI 等)访问知识图谱,这些工具并不是图形感知生态系统的一部分。这些 API 为三种主要的知识图谱消费模式提供了方便的访问:分析见解、操作分析和基于知识图谱构建的自定义应用程序。

许多知识图谱缺乏这种可扩展性的易用性要求。这些平台可能没有采用业务定义的标准化模型,从而过度依赖 IT 和高度专业化的开发人员来理解它们及其数据。无论这些引擎在分析这些数据方面有多先进,加载、查询和处理这些数据所需的过多编码都限制了它的使用,因为技术复杂,无法在整个企业中扩展。

(6) 细粒度安全

安全、数据治理和法规遵从性对于跨企业可扩展语义增强知识图谱至关重要。真正的企业可伸缩性不仅与查询速度和使用平民化有关,尽管这些问题至关重要。为企业准备知识图谱的很大一部分涉及安全、数据治理和法规遵从性的基础知识。未能考虑到这些关键支柱的平台永远不会支持企业范围内的用例。需要细粒度的访问限制来加强数据管理的这些方面。这样的机制指定哪些用户可以访问、查询和更新图形的哪些部分及如何使用它们。前面讨论的知识图谱管理目录通过元数据驱动的针对底层图引擎的安全性来促进这种访问。例如,当查询糖尿病患者的图表时,用户将只从他们可以访问的子图表中获得结果。

并非所有的知识图谱平台或解决方案都能满足这些要求,为了解决单个投资在整个企业中无限增长的复杂性、广度和可扩展性要求,语义增强知识图谱必须满足上述六个要求,以便企业构建、管理、查询和使用语义增强知识图谱用于任何数据使用场景,包括直接支持数字孪生与智能体。

知识图谱平台只能扩展到满足上述六个要求的程度。利用任何来源并启用高性能加载和存储对于快速构建全面的图谱是必要的。实时查询和方便的接口使最终用户价值最大化。成功管理图谱需要灵活的部署和细粒度的安全访问。满足这些要求使企业能够快速、可持续地构建知识图谱,以支持任何企业用例。根据成本或可用性选择一个无法满足这些要求的解决方案,只会阻碍知识图谱的成功和采用,有可能使整个计划脱轨。

4.4　语义知识图谱集成

数据管理行业未来的方向和目标是让数据更加智能化，而这可以通过大规模地将数据与知识集成来实现，这就是知识图谱的来源。一切数据都可以用一张语义增强知识图谱来表示：用分类法、本体论和语义丰富属性图模型创建知识图谱。语义增强知识图谱是承载和表示背景知识的技术和工具，以图的形式，将真实世界中的实体、关系组织成网，将知识进行结构化。知识图谱中的实体和关系抽象为图中的节点和边。知识图谱作为结构化的语义知识库，用于描述物理世界中的概念、实体及其相互关系，可以理解为用网络图结构形式去关联各种各样的实体，相当于对万物知识化及互联。

语义增强知识图谱可作为一种用于应用业务上下文（语义）和捕获数据与内容之间关系的机器可读模型，它用一个抽象层来聚合依赖于上下文、连接性和关系的数据，并采用适合人类思考、机器容易理解的描述数据的方式。简而言之，知识图谱是两种内容的组合：图谱中的业务数据和业务知识的显式表示。企业管理数据是为了能够了解客户、产品或服务、功能、市场和任何其他影响企业的因素之间的联系，知识图谱直接表示这些联系，使人们能够分析和理解推动业务发展的关系。

知识提供背景信息，诸如什么样的事情对公司重要及它们之间的关系等信息。业务知识的显式表示允许不同的数据集共享一个公共引用。知识图谱将业务数据和业务知识结合起来，可更完整地提供融合集成的数据。知识图谱的作用是什么？为了回答这个问题，考虑一个例子。知识图谱技术允许微软的必应搜索在你要求“牙医”时将口腔外科医生列入名单；微软的必应以图的形式管理所有口腔外科医生的数据、地址和他们的行为。事实上，“口腔外科医生”是一种基础设施数字化智能化解决方案。“牙医”是微软的必应将这些数据与知识相结合，以提供完全整合的搜索体验的知识。语义增强知识图谱技术对于实现这种数据集成至关重要。再次强调，语义增强知识图谱是两种内容的组合：图谱中的业务数据和业务知识的显式表示。几十年来，企业中的集成数据体验一直困扰着数据技术，因为这不仅仅是一个技术问题,问题还在于企业数据的管理方式。在一家企业中,不同的业务需求往往有自己的数据源,导致独立管理的数据"烟囱"很少交互。如果企业想要支持创新并获得洞察力,就必须采用完全不同的数据思维方式,并将数据独立于任何特定应用。然后,数据利用就变成了一个将整个企业(销售、产品、客户)及整个行业(法规、材料、市场)的数据编织在一起的过程,将这类融合数据和知识的架构称为数据编织。

本书是为构建以语义增强知识图谱为核心的数据编织的各种角色编写的,包括业务经理、数据架构师、战略决策者、设计和维护驱动业务的数据库的数据工程师的所有人,还有现代企业中的各种各样的数据客户,如数据分析师和数据科学家。数据编织为这些数据用户提供了更广泛的资源来促进他们之间的合作。驱动数据编织的另一个关键角色是业务架构师,分析业务流程和图谱,找出需要知道如何使流程正确工作的人。对于所有这些不同角色的人来说,业务的数据编织对他们的日常工作活动至关重要。构建和维护数据编织对任何企业来说都是一个挑战,而实现数据编织的最佳方法是部署语义增强知识图谱,以有意义的方式将所有企业的数据融合在一起。

应该更关注业务价值,而不仅仅是技术。有效的数据集成解决方案依赖于理解数据资产之间的关系,这是语义增强知识图谱的核心。此外,在我们生活的 AI 和机器学习时代,了解质量和治理是有效决策的关键。知识图谱通过提供上下文信息来改变人工智能,这将导致可解释性、多样化和改进的处理。如果 AI 正在改变未来,而知识图谱正在改变 AI,那么通过可传递性,知识图谱也在改变未来。

随着包括 Gartner 和 Forrester 在内的研究公司将语义增强知识图谱确定为数据编织中的核心功能,图技术在数据集成中的中心地位越来越突出。顾名思义,特别指的是基于 RDF、OWL 和 SPARQL 的 W3C 语义技术标准的语义图数据模型(图 4.6)。

虽然在属性图数据库产品中已使用图算法分析已经集成的数据,但它们在实际分布式集成数据方面的效用有限。顶点/边数据模型要求用户根据已知的分析需求预先定义节点和关系类型。这些图的定义是有限的,本

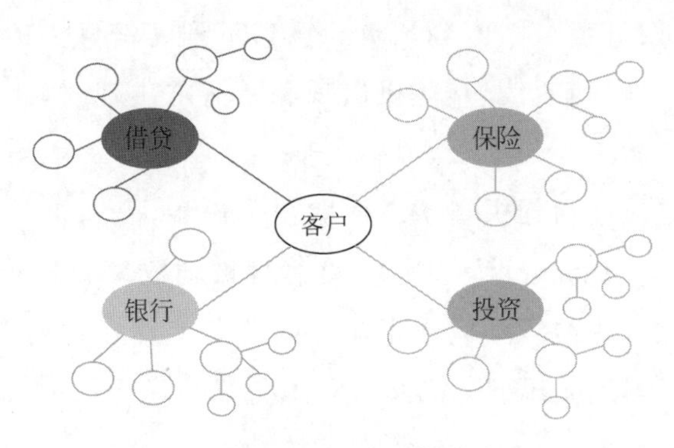

图 4.6　语义图模型

质上是高度技术性的，适合数据科学家编写特定的分析，但不适合企业规模的广泛数据集成和交付。而语义增强知识图谱直接解决了三个数据集成需求：

(1) 以 RDF 表示并由 OWL 模型(本体)定义的语义图非常灵活，不需要用户在加入数据或了解分析需求之前预先定义它们。本体很容易适应新的概念和属性，并连接到新的或相关的本体，以扩展数据结构中连接的数据集。使用 OWL 的语义图模型还包含描述性和明确的建模功能，以解决不同数据的复杂性和细微差别。

(2) 语义图模型从根本上支持模型在业务术语中的表达。称为类的概念定义了图中每个节点所代表的内容，而属性定义了边的含义及节点的属性。相关类和属性及其特征的集合构成了一个本体，提供了在图本身之外定义的含义。因此，本体论支持继承、链接和重用，以促进企业所有数据资产的连接业务级定义。

(3) 语义图模型是为意料之外的问题而设计的。与为已知问题世界构建的关系模式或纯属性图模式定义不同，语义图模型允许用户通过遵循图中的关系来调整问题。语义图模型允许用户在提问时理解这些关系。当需求发生巨大变化时，语义图模型还允许对数据进行动态重构，以支持新类型的问题、分析汇总或简化特定受众的上下文。当语义图中连接了多个数据源时，数据中的死胡同就会消失，意料之外的事情变成了直觉。语义图模型包含不确定性。关系模型隐含地假设模型是“正确的”，而语义图模型假设永远不会拥有所有信息，因此会预料到意想不到的信息。正如数据发生变化一样，当我们了解到新信息、危机出现和新需求出现时，我们的模型也会发生变化。

即使在数据管理和分析技术方面取得了进步，公司也难以平衡业务用户洞察所需的强大分析需求，以及IT在管理被动数量的复杂和分布式数据方面面临的挑战。数据编织使数据驱动的业务能够在这两者中占上风，数据编织需要语义图数据模型。语义层和图引擎是降低数据管理复杂性和加速数据平民化的关键。

企业数据源、数据孤岛、系统和工作流的激增给IT和业务用户带来了太多混乱。随着数据供应的持续增长和企业变得更加数据驱动，这一挑战只会变得更加复杂。通过图形数据模型和语义实现发现和集成的数据结构既满足了业务用户对数据访问和稳健分析的需求，也满足了IT简化数据集成和数据管理的需求。

4.5 语义知识图谱数据编织

语义增强知识图谱是结构化的语义知识库，其通过三元组（实体-关系-实体）及实体&属性的键值对来描述概念（或对象、事件等）及概念之间的关系，构成网状的知识结构，从而使人和机器能够很好地理解和使用数据间的关系。

知识图谱与数据集成的结合在业界的研究越来越热，未连接的数据对企业来讲越来越是一种负担。数据编织通过链接语义元数据更好地让机器和人理解数据的上下文，并使用图来统一数据而不改变其物理存储，从而为数据集成、统一、分析和共享提供了一个框架，是数据集成的理想工具，因此业界也将知识图谱定义成"一组相互关联的信息，能够有意义地弥合企业数据孤岛，并通过关系提供企业数据的整体视图"。

知识图谱向异构数据添加语义，通过图连接各个数据孤岛，形成灵活的虚拟数据层，从而满足处理实时信息源和从不同系统的数据中检索知识的要求，如图4.7所示，如果按照公式化的方法来表示知识图谱，则知识图谱＝语义知识图谱＋AI＋虚拟化。

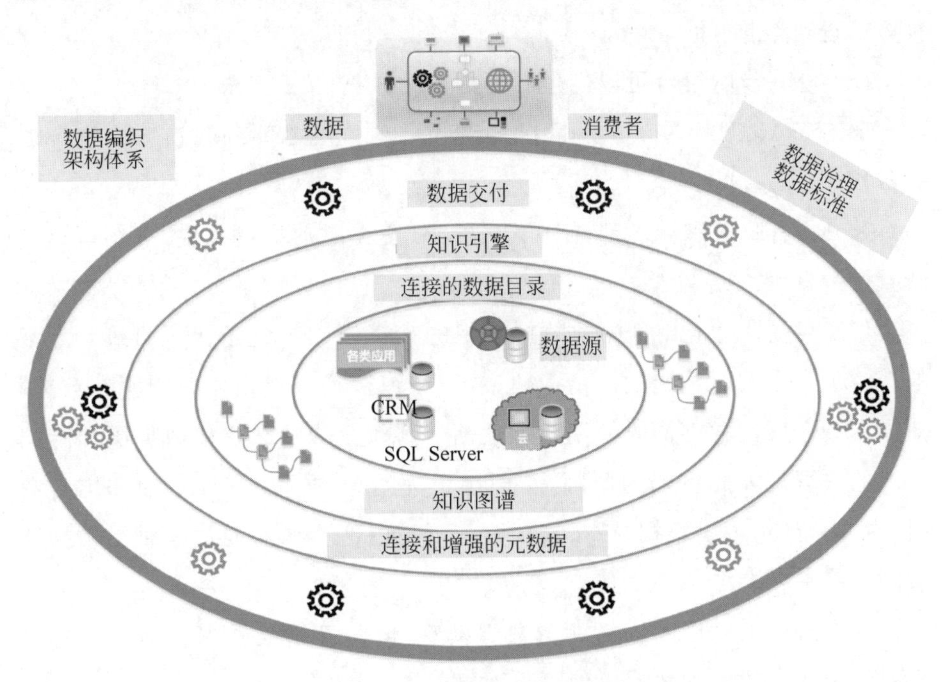

图 4.7　数据编织分层架构

语义增强知识图谱是数据编织的重要组成部分。如果将数据编织翻译成数据经纬的话，那么知识图谱是经纱和纬纱，作为基石的数据目录也是基于语义增强知识图谱实现的，使得数据编织支持动态集成及数据应用编排。知识图谱使得数据编织在良性循环中进行持续运营和发展，如灵活性（可以表达任何数据和元数据）、可组合性（易于增量进化）、连接性（连接所有数据和元数据"孤岛"）、无缝数据治理、面向未来（基于标准）、表现力（最全面的"开箱即用"模型）、可集成性（最完整、开放和灵活的 APIs）、智能（集成推理和机器学习）等。

在数据编织中，数据被映射到 W3C 语义标准中，知识图谱是基于这些标准创建的。

(1) 数据编织体系架构中的数据层提供了捕获复杂数据、执行转换的灵活性和能力，并为每个用例和应用程序创建了更动态的数据管道，无论其大小如何。

(2) 当物化时,可以映射和转换落地数据,以组合许多图模型。通过这种方式进行数据集成。

(3) 进一步的组合可以创建专门构建的数据。

(4) SPARQL/Cypher 语言在实现和自动化层之间的转换方面发挥着关键作用。

(5) 所有映射和转换都得到了维护,以便在源数据发生更改时,可以刷新整个数据编织结构。

(6) 实现特定应用程序的数据编织的计算基础设施是在任何最有意义的计算平台上及时构建的。请记住,数据编织旨在捕获企业中的所有数据。但没有一个应用程序同时使用所有数据。这就是为什么建模数据层和专门构建的数据层如此重要的原因,它们用于为给定的应用程序选择和准备数据。在运行时,可以根据成本、连接性和可扩展性为所需的数据子集选择合适的计算平台。

数据编织中使用的语义就像数据模型,但语义增强知识图谱比数据仓库中使用的元数据和数据模型更强大、更灵活。

(1) 数据编织将数据放入由本体解释的语义结构中,本体表示关键概念及其关联方式。语义标准取代了关系数据库系统中的模式。

(2) 使用一种称为资源描述框架的开放标准的简单构造来表示数据,此表示被捕获为图形。

(3) 以自我描述和丰富上下文的形式存储所有数据。这种形式的数据更容易找到,也更容易与使用相同标准存储的数据进行组合和重组。在数据映射到模型后,繁重的工作将一次性完成(不像传统的 ETL,每个项目都是新的工作)。它成为一个独立的、自我描述的数据集,任何人都可以找到并立即重用。通过语义增强知识图谱,数据编织支持根据需要使用尽可能多的层来转换和集成数据。

(4) 落地/建模/专门构建的数据编织是如何将数据划分为层的有用汇总,在实践中,层的数量往往更复杂。

(5) 以这种方式获取的层次结构没有实际限制。这就是为什么语义标准的使用对于在企业中使用数据的全部广度、深度和多样性至关重要。这是企业数据编织的本质，它包含并连接所有可用的数据。

有关数据的结构和语义信息使数据编织更加强大和有用。关于数据的形式和含义的信息可以被用户、算法和程序理解，但用户体验并不需要理解语义标准。相反，引导过程利用了标准，减少了（大部分时间消除了）对理解语义结构的需求，提供了一系列自动生成的查询，最终用户可以对这些查询进行调优和调整。

SPARQL/Cypher 是数据编织中使用的基于标准的查询语言，允许基于语义关系而不仅仅是结构关系进行数据探索。这允许使用更深层次和子类型的更丰富的数据模型，同时仍然允许根据需要将数据移动到表格形式。SPARQL/Cypher 也是一个强大的自动化查询功能平台，无需编写查询即可实现查询功能。

本体论提供了一个映射，映射万物的含义及万物是如何连接的。SPARQL/Cypher 允许任何查询，而不仅仅是像在 RDBMS 中那样经过优化的查询。这种功能，再加上自动生成查询，使用户可以完全自由地同时在任意数量的方向上漫游数据。

用户需要通过数据编织有指导的体验，作为探索和完善问题的一种方式，并在应用程序和高价值用例分析仪表板的背景下。语义标准和层中可用的元数据被转换为用户可以探索的数据结构的可视化路线图。用户可以获得查询的相关答案及对相关信息的建议。

通过与 LLM 的集成，数据探索可以以自然语言的方式提供接口，使不会编程的业务人员对数据更容易探索和进行价值挖掘。这个探索和引导流程可以提供我们在消费者市场上看到的语音驱动服务的业务相关版本。

如果没有基于语义增强知识图谱在广度（许多图）和深度（从落地数据到专门构建的层）的支撑，那么在数据编织上全力以赴是没有意义的。极其复杂的查询需要能够在整个环境中运行，以快速回答任何问题。

(1) 可扩展的数据编织平台必须对复杂的查询提供闪电般的快速响应。通过这种方式，数据编织可以传递与 OLAP 查询相关联的大量数据，还可以可伸缩地执行图形查询、分析和算法，以回答新的问题领域。

(2) 必须管理大量的转换和本体，以便它们能够根据需要进行调整和扩展。

(3) 用户需要像数据编织这样的平台来操作整个流程。必须能够在生产中创建、更新和维护许多图,而无需 DBA 等专家的持续护理和喂养。扩展的唯一方法是允许大量用户访问和查询图形。数据编织平台和强大的数据编织图虚拟数据仓库引擎提供了这种可扩展的功能,而大多数数据编织平台没有这样的数据仓库引擎。

(4) 与任何其他数据管理方式不同,数据编织允许根据应用程序的需要在本地、一个云中或多个云中实例化图形。数据是在近乎实时的基础上实现数据发现和数据交付的。

Forrester 的最新报告《大数据编织 2.0 推动数据民主化》建议数据驱动的企业将大数据编织作为其数据战略的一部分,以最大限度地减少获取、集成、管理和保护数据见解所花费的时间和精力。该报告强化了这样一种观点,即语义层和图引擎是降低数据管理复杂性和加速数据平民化的关键。

(1) 语义图数据模型减少了回答时间

数据编织实现的颠覆性数字化转型是基于使用一个人的所有数据。数据编织通过使企业的所有数据连接起来并可重复使用,加快了回答问题的时间。它帮助企业按需将数据交到业务用户手中,以便用于推动转型的复杂分析。位于数据编织顶部的现代发现和集成层是必不可少的,并且在基于语义和图形数据模型时最为强大。

与其他方法相比,图数据模型更适合集成和连接数据。根据定义,图对实体之间的连接进行建模,并对这些关系进行优先级排序。这些连接为数据提供了上下文和意义。当在发现和集成层应用时,可以更快地建立更多这样的连接,以满足业务需求。

语义基于开放的 W3C 标准,通过以用户习惯的商业术语或语言呈现数据来实现这些连接,而不是通常在底层数据库中发现的对数据的神秘、难以理解的命名。这种通用的面向业务的模型使用户能够理解并使用大量复杂的、孤立的数据集合,以根据需要构建有价值的、混合的、可用于分析的数据产品。

这种类型的业务驱动、按需数据发现和准备改变了习惯于依赖(通常是等待)IT来提供对企业数据的高度可重用访问的企业的游戏规则。如果业务用户能够按需访问企业的所有数据,并能够快速创建个性化的数据产品,他们将更频繁地这样做,从而使数据驱动的决策成为企业规范。不久,这种文化转变将带来运营效率的提高、新的收入来源、客户体验的提升等。

(2) 语义图数据模型简化了复杂、孤立数据的集成

企业数据很少是同质的、集中的或静态的,相反,是复杂的、非结构化的、孤立的。它也在不断变化——不断添加新的数据源,并生成新的用例。为了可重复使用,企业数据必须易于查找、易于理解,并且对业务用户有意义,无论何时何地及如何使用。

图数据模型的固有灵活性适应了跨数据源的实体类型之间的大量且不断变化的连接,可以动态添加复杂的数据源,对性能或操作的影响最小。此外,当覆盖语义时,图数据模型采用了一个业务上下文,使其更容易围绕感兴趣的主题混合数据,无论其来源或结构如何。来自孤立来源的相关数据集可以很容易地在混合数据产品中进行链接和组合。

(3) 语义图数据模型使用户能够从数据中提取价值

作为数据编织的一部分,语义和图模型为业务用户提供了所有企业数据的高度细粒度映射。组织的每一个数据点——一直到最详细的原子级别——都可以通过图模型中的语义概念来捕获、映射和查询。业务用户直观地遍历此图,以访问以前孤立的数据。

通过这种细粒度的访问和理解,业务用户可以快速找到已知和意外问题的答案,并暴露相关数据之间的联系。对于局限于传统关系数据库的企业来说,考虑到所需的链接数量和底层查询的范围,这种程度的数据发现即使不是不可能,也是不切实际的。然而,通过MPP在内存中的自动图形查询,在企业规模上既可行又实用。

(4) 语义和图数据模型使更多用户可以访问数据

业务需求将因访问级别、数据成熟度、清洁度和标准化而异。用户需要在分析中花费更多的时间使用数据,而在准备上花费更少的时间。他们将需要一个通用的数据模型,以实现更大的透明度和意义、更清晰的沟通,并增加项目和团队之间围绕数据资产的重用和协作。最后,这个扩展的数据

消费者群体希望通过更好的沿袭、元数据和业务上下文来更多地信任他们的数据。

与关系模型不同,覆盖语义的图数据模型具有“内置”的含义。它们使用易于理解的业务概念和上下文向用户展示数据,使他们能够以有意义的方式组织和分组数据,同时也使他们免受特定数据集在物理级别实际存储和格式化的复杂性和模糊性的影响,从而加速数据的使用。它们还允许向用户提供原始到就绪连续体中任何点的数据,同时还允许定义和执行用户访问控制,确保向正确的用户显示正确的数据。这种由图形数据模型和语义组合提供的业务上下文减少了企业对 IT 的依赖,并使更多用户(包括技术能力或分析专业知识有限的用户)可以访问数据,从而进一步加强了数据驱动的文化。

企业数据源、竖井、系统和工作流的激增给 IT 和业务用户带来了太多混乱。随着数据供应的持续增长和企业变得更加数据驱动,这一挑战只会变得更加复杂。通过图形数据模型和语义实现发现和集成的数据结构既满足了业务用户对数据访问和稳健分析的需求,也满足了 IT 简化数据集成和数据管理的需求。在数据编织架构中,语义知识图谱在几个关键领域带来了急需的功能:

(1) 语义知识图谱以极大的灵活性跨孤岛连接相关数据,在数据集成过程中以前所未有的粒度和灵活性将来自整个企业的数千或数百万个相关数据点连接起来。

(2) 语义知识图谱通过在架构层或应用程序层分配给各个数据字段的通常具有神秘性和高度技术性的名称之上建立业务定义和术语的语义层,使复杂的数据更易于理解和使用。

(3) 语义知识图谱允许企业利用更多的结构化、半结构化或非结构化数据储备/来源来推动分析。

(4) 语义知识图谱使整个数据架构更加灵活,更容易随着时间的推移逐步构建,从而降低风险、加快部署速度并立即提供价值。

语义知识图谱可通过分阶段构建数据编织来实现——从一个数据域或高价值用例开始,并将其构建到初始知识图谱模型中,然后随着时间的推移逐步扩展，增加数据、用例和用户。为了提供上述这些功能，数据编织中的语义知识图谱层需要下面一些特定属性：

（1）任何格式的任何数据——与结构、来源、格式无关。

（2）自动化数据载入——敏捷、高性能的加载和存储。

（3）灵活部署——随地部署：本地、云或混合模式。

（4）大规模交互式查询——MPP模型和内存中查询执行。

（5）使用开放标准——轻松集成所有数据、模型和元数据。

（6）企业安全和治理——细粒度的访问和授权控制。

第 5 章

数据编织的应用实践

5.1 数据应用工程化方法

数据编织作为一种多源异构数据集成的数据管理架构，可结合跨行业数据挖掘标准流程(cross-industry standard process for data mining，CRISP-DM)解决数据应用的开发问题。跨行业数据挖掘标准流程是一个广泛应用于数据挖掘项目的方法论，旨在为数据挖掘实践提供统一、可操作的流程。CRISP-DM 将数据挖掘过程分为六个阶段(图 5.1)。

(1) 业务理解(business understanding)：在这一阶段，数据挖掘团队需与业务专家沟通，深入了解业务背景、目标和需求，明确数据挖掘项目的目标和范围。

(2) 数据理解(data understanding)：在这一阶段，数据挖掘团队需对原始数据进行分析，包括数据清洗、数据集成、数据变换等操作，以便更好地理解数据。此外，还需要对数据进行初步的探索性分析，寻找潜在的模式和关系。

(3) 数据准备(data preparation)：在这一阶段，数据挖掘团队需将原始数据转化为适合数据挖掘算法处理的数据格式，主要包括数据格式化、数据规约、特征选择和数据归一化等操作。

（4）建模（modeling）：在这一阶段，数据挖掘团队需根据项目目标和数据特点选择合适的数据挖掘算法。主要包括算法选择、模型构建和模型评估等步骤。

（5）部署（implementation）：在这一阶段，数据挖掘团队需将选定的模型应用到实际业务场景中，并进行优化调整，以达到预期效果，主要包括模型部署、模型维护和模型更新等操作。

（6）结果评估（result evaluation）：在这一阶段，数据挖掘团队需对模型的性能进行评估，与业务目标进行对比，判断模型的有效性和可行性，主要包括模型评估、结果解释和方案推荐等步骤。

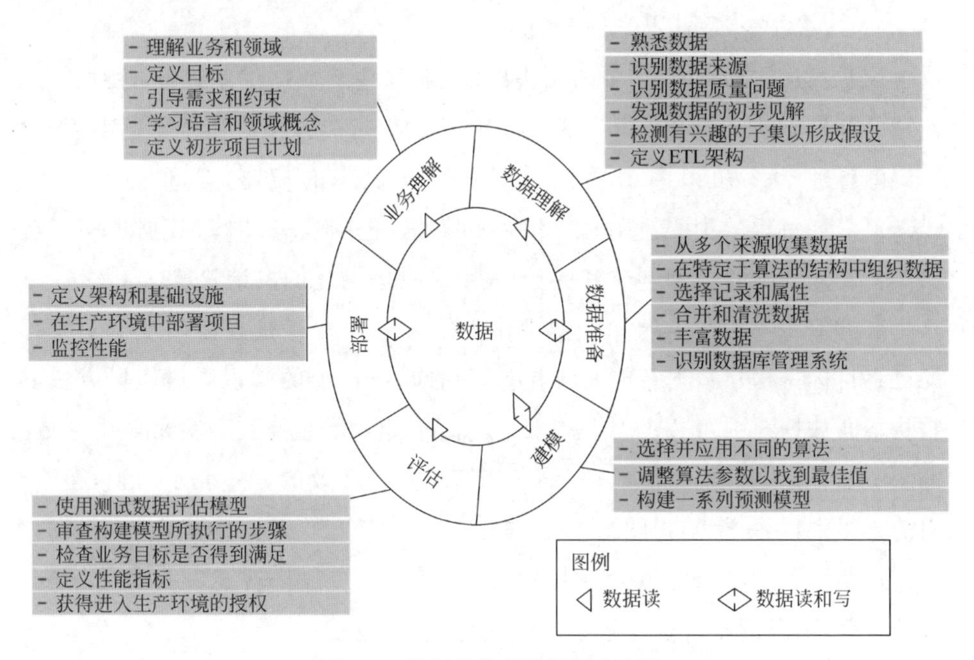

图 5.1　跨行业数据挖掘标准流程

图 5.1 箭头仅指示阶段之间最重要和最常见的依赖关系。在特定项目中，每个阶段的结果决定了接下来必须执行哪个阶段或阶段的哪个任务。外圈象征流程的循环性质，在部署解决方案时尚未完成。后续的机器学习过程不仅可以从以前的经验中受益，还可以从先前过程的结果中受益。

CRISP-DM 强调了业务理解和数据理解的重要性，并将数据准备作为独立的阶段，以确保数据质量对数据挖掘结果的影响。此外，CRISP-DM 还鼓励迭代开发，以便在项目过程中不断调整和优化模型。

近年来，知识图谱技术已被全球公认为将不同的分布式数据源（通常只是同一组织中的单独数据孤岛）合并到单个连接的事实来源的标准方法。数据编织架构应用的范围从有效支持数据治理到元数据管理，从数据丰富到数据集成和数据重构。现在面临的数据问题如下：

（1）考虑到内部（组织）和外部（公开可用或私有）的数据源，数据源太多。

（2）每个数据源都有不同的结构和不同的标识符，因此将数据规范化为单个同构结构需要付出巨大的努力。

（3）许多内容是特定于任务的。

让我们从 CRISP-DM 中的想法出发，看看基于数据编织的智能和自主代理的开发方法。图 5.2 所示为重新审视 CRISP-DM 以应用于数据编织的知识图谱平台。知识图谱用作智能系统知识库的模型，是重新审视的 CRISP-DM 过程的中心。图 5.2 组件的子集（包括业务理解、数据理解、数据准备及知识图谱模型创建和更新）表示本章中描述的关键阶段。

数据编织架构产生的知识图谱作为知识聚合者有核心作用，引入它们的最终目标是构建数据智能系统，这是一种自下而上的知识图谱建设方法。它从不同数据源中可用的数据开始，尝试将其整合到单个事实来源中。数据编织的目标是开发智能代理，要求我们以一种有效的方式表示知识，在我们的方案中，是一个知识图谱，并且能够捕获和处理代理必须操作的领域的内在复杂性。这可以配置为 ML 项目。一般来说，数据智能项目是一个复杂的过程，需要的不仅仅是选择正确的算法，还包括：

（1）选择数据源；

（2）收集数据；

（3）了解数据；

（4）清理和转换数据；

（5）处理数据以创建机器学习模型；

（6）评估结果；

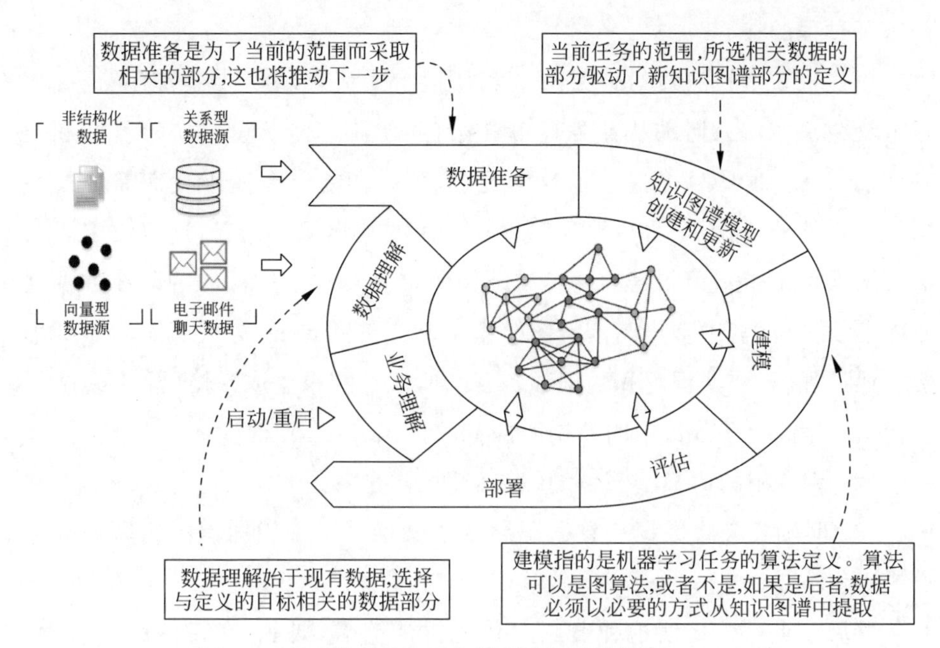

图 5.2 基于数据编织语义增强知识图谱的 CRISP-DM

(7) 部署。

部署后,有必要监视应用程序并对其进行微调。整个过程涉及多种工具、大量数据和不同的人。处理数据很重要,但它是一组更复杂的步骤的一部分,使我们能够将结果交付给最终用户。目的、最终目标应该驱动整个过程,而不是主导它。

尽管 CRISP-DM 模型是为数据挖掘而设计的,但通过数据编织架构体系,它已经成功地应用于通用数据智能项目。可以将 CRISP-DM 模型用于项目规划和管理、沟通和文档编制目的。CRISP-DM 作为基本工作流程模型的一部分具有吸引力的主要功能包括:

(1) 它不是专有的。

(2) 它与应用、行业和工具无关。

(3) 它明确地从以应用程序为中心和技术角度看待数据分析过程。

CRISP-DM 参考模型提供了数据智能项目生命周期的概述。这种模式或心智模型有助于在从算法角度处理数据智能项目之前,为定义清晰的工作流程提供基础。图 5.1 显示了该过程的六个阶段。值得注意的是,数据是这一过程的核心。

正如重新审视的 CRISP-DM 流程所揭示的那样，使用数据编织（语义增强可编织）平台，一切都从业务理解开始，这使我们能够设定初始目标和所有后续目标。这些目标推动了数据理解，使我们能够专注于我们需要的数据的特定部分，而不是盲目地导出所有可用的数据源。而且，这也决定了对语义增强可编织知识图谱的内容和结构的定义要求。这样的阶段在数据准备中继续进行，其中知识图谱的图模型不断完善和扩展，为建模阶段做好准备。业务理解、数据理解和数据准备三个阶段的结果生成为输出：

（1）要包含在分析中的数据源部分的标识。

（2）要使用的语义增强可编织知识图谱的架构。

（3）明确定义将数据从数据源导入语义增强可编织知识图谱所需的管道或工作流。

最后一点是什么使这种方法与传统方法略有不同。在建议的模式中，我们建议将数据的选定部分从原始源复制到语义增强知识图谱，这样，结果就变成了一个与原始来源脱节的独立真理来源。其他人更喜欢将知识图谱视为现有数据源之上的一种语义层。在这种情况下，知识图谱是一个索引，代表与保留在其所在位置的主要数据的桥梁。这种方法的优点是使知识图谱更轻且始终保持最新状态，但同时，它提供的信息较少，这严重限制了分析类型，并使访问最终来源的速度变慢。

出于上述原因，我们始终将语义增强知识图谱视为复制（和转换）我们需要的数据的自给自足的事实来源。我们很少保留一些原始来源的链接（通常，当有大量文档没有意义复制到其他地方时）。

在建模阶段，我们使用和测试一种或多种算法来实现特定目标，并在下一阶段评估结果。这两个阶段的输出由以下部分组成：

（1）一组选定的算法；

（2）一组经过训练的模型；

（3）有关测试和训练模型的整体质量的报告。

如果一切顺利，将知识图谱架构和模型、用于引入和后处理的管道、算法和预测模型合并到产品中，然后进行部署。到那时，新一轮就可以开始了。在这种情况下,不会从空的知识图谱开始。

对于第二轮,按差异和扩展工作,确保之前的迭代结果不受影响。从这个意义上说,知识图谱的无模式方法有很大帮助,因为它允许使用新的节点和关系类型进行扩展,而不会影响以前的数据和功能。

使用模式来驱动不同场景和用例之间的流程。这些架构被重新调整用途,并突出显示了不同的阶段,作为在实践中应该如何工作的示例。本章的应用方法论不仅为人工智能服务,还为人类智能服务,也许主要是为人类智能服务。

在应用数据编织架构平台创建语义增强可编织知识图谱之前,我们将处理业务驱动和数据理解。我们将分析要解决的问题,构建应用程序域的概述,并查找可用于提供概述和解决问题的数据。

5.2　数据编织的集成价值

使用数据虚拟化层可以提高软件和数据开发速度,但能提高多少?根据 Gartner 的研究,数据编织将集成设计时间缩短了 30%,部署时间缩短了 30%,维护时间缩短了 70%。由于虚拟化数据层消除了数据迁移的需要,因此可以立即开始使用数据来开发功能强大的产品和应用程序。

从本质上讲,可以将数据编织视为用于管理数据的抽象层。如果熟悉 Kubernetes,理解抽象层概念可能会有帮助:Kubernetes 是一个用于管理大量容器的抽象层。

传统的数据仓库世界就是收集数据,数据编织就是连接数据。数据编织是一个架构层,它使用数据虚拟化来集中来自不同系统的数据。这意味着,借助数据编织可以将数据保留在其源系统中,例如,客户关系管理(CRM)或企业资源管理(ERP)应用程序;还可以实时访问数据,并在不同系统之间连接数据。数据可能位于本地,也可能位于阿里云等云服务中。

当企业想要加快数据应用开放速度时,没有什么比数据集成或数据分析挑战更能阻碍进度了。数据孤岛、数据库技术债务、远无法实时访问的数据——业务和 IT 领导者都非常清楚这些问题。当数据困境阻碍开发人员时，开发人员无法获得速度，业务线团队也无法提高速度。当两个团队都有雄心勃勃的数字化转型目标，需要提高速度和敏捷性时，这就是一个问题。数据编织为解决这些数十年来存在的数据困境带来了重要的新力量。

与许多人所熟知的传统模型相比，数据编织代表了一种完全不同的架构：从源系统中提取数据，对其进行转换以清理和复制数据，并将其加载到数据仓库（如果是结构化数据）或数据湖（如果是非结构化数据）中。

(1) 降低数据集成的复杂度

互不通信的系统是许多团队对提高速度的希望破灭的根源。大型企业拥有各种各样的系统（从 CRM 和 ERP 等关键系统到许多遗留系统），这些系统没有本地方式来连接和共享数据，这是数据编织对所有数据提取和收集发挥作用的地方。

如果没有数据编织，要使数据可访问，就需要耗时的数据迁移过程和大量开发人员处理数据库记录和视图。使用数据编织方法，企业可以跳过数据迁移步骤。数据保留在源应用程序中，数据编织层负责开发人员访问数据。无需迁移数据意味着这些开发人员无需等待数周或更长时间才能访问该数据，这反过来又意味着应用程序开发速度大大加快。使用 DevOps 或敏捷方法的团队可以通过这种安排以全新的速度冲刺。

(2) 解决专业 IT 人力资源困境

企业需要多少个数据库管理员来确保企业的高知名度应用程序或项目按时完成？

这些 IT 专业人员将花费多少小时创建报表和视图？企业内部有强大的数据库人才吗？如果这样做了，考虑到过去几年 IT 团队的高离职率，企业能留住这些人吗？它会有多贵？或者，也许你会依赖外部合作伙伴来帮助提供数据库专业知识，因为你知道这会带来一系列成本和风险。IT 领导者非常重视人才战略，这是有充分理由的。

企业需要的人越多，就越容易受到项目延迟的影响。使用数据编织方法，IT 团队无需执行任何数据迁移工作。这是一个巨大的优势，因为现在不需要几十个人从事传统的数据库 ETL 工作，这样一来，企业就可以腾出时间招聘其他技能的人才，并让 IT 人才从事更具创新性的开发工作。

数据编织还可以通过自动优化查询和索引来快速提高性能，从而帮助开发人员和最终用户，优化数据库管理员原本必须完成的工作。这意味着用户可以更快地进行查询，而开发人员的工作量会更少。

(3) 即时数据完整性和数据模型更新

传统数据库工作的其他现实是什么？首先，数据孤岛不会消失，这对数据的完整性来说是个坏消息。在现实世界中，如果你在两个系统中都有数据，那么在这两个系统中往往都是错误的。现在，将该问题乘以组织中 SaaS 应用程序的数量。对于 IT 团队来说，试图让不同的系统保持最新状态会成为徒劳的时间消耗。此外，随着数据模型在整个业务中随时间推移而变化，这些模型需要更新。但是，即使是对跨应用程序和工作流使用的模型的微小编辑也可能需要数月甚至数年才能完成。

数据编织的数据虚拟化层意味着企业绕过数据迁移，转而支持实时数据同步。这消除了"哪个系统现在拥有准确的数据"的问题。数据虚拟化方法在数据完整性方面具有明显优势。但是，IT 领导者可以通过使用包含数据虚拟化层、无代码数据建模和记录级安全性的平台来实现额外的好处。无代码数据建模意味着无需了解 SQL 即可与 Oracle、Salesforce 或 Microsoft SharePoint 等应用程序中的数据进行交互，这也意味着可以在人们使用可视化拖放工具而不是传统代码创建的工作流和应用程序中使用数据。例如，想想这对创建报表和仪表板意味着什么。

记录级安全性可确保用户只能访问他们需要的记录。这不仅对数据分析具有优势，而且对客户和合作伙伴门户等项目也具有优势，这些门户可以为企业外部的人员提供对最新数据的访问权限，但只能访问指定的数据。

(4) 消除安全和监管方面的担忧

这很重要，因为正如每个 IT 领导者都有人才问题一样，他们也有安全和监管问题。企业数据分散在不同的系统中会产生安全风险和漏洞，这些漏洞可能会将机密数据留在不需要它的人手中。此外，特定行业和地理位置的法规可能会迅速变化，因此需要系统更新。IT 领导者需要帮助保护其企业免受数据泄露和违规行为的影响，这些行为会带来经济处罚。

借助数据编织将所有数据保存在一个虚拟化数据模型中，可以全面了解所有不同的系统。这样,即使人们创建新的数据模式,也可以实现一致的治理,因为数据在集中式虚拟层中是相关的。

如前所述,记录级安全性提供精确的控制,这在人们使用来自多个应用程序的数据构建报告和工作流时很有价值。企业可以引用客户关系管理系统中的数据来强制执行企业资源计划系统中的特定数据行是否应可访问。良好的数据编织有助于跨多个联接和嵌套关系保护数据,这不仅在企业内部很重要,而且在与加盟商、现场技术人员或客户等外部群体共享数据时也很重要。

5.3 数据编织的应用步骤

越来越多的数据源和数据量,以及多云和混合云环境,再加上过时的批处理流程和转换工作流,使企业几乎不可能满足其对实时连接数据的需求。这迫使它们寻求新的方法来利用这些资产,这就是数据编织数据管理架构的起源。

数据编织提供了一个统一、智能、集成的端到端平台来支持新兴用例,其最佳优势在于能够通过利用动态集成、分布式和多云架构、图形引擎及分布式内存和持久内存平台方面的创新来快速交付数据应用。

数据编织将来自内部和外部来源的数据编织在一起,并建立一个信息网络,为业务应用程序、AI 和分析提供支持。简而言之,数据编织支持复杂、互联企业的全部数据范围,而无需淘汰和替换以前的投资。企业可以使用核心的知识图谱将其现有的数据基础设施转变为数据编织,而不需要推倒重来。

知识图谱是图技术的一种应用,它将数据转化为机器可理解的知识,捕获传统数据管理系统中经常缺少的上下文。知识图谱可大幅减少代码,同时捕获现实世界的业务意义,与习惯使用的传统关系数据系统有很大不同。利用知识图谱生成的概念、实体、关系和事件的相互关联的描述,数据编织可以将已经拥有的内容拼接在一起,并使用来自每个源系统的丰富数据来增强连接的应用程序。

如果企业想要现代数据管理策略，为了真正实现使用数据编织的协作、跨职能计划，必须制定一个经过深思熟虑的计划。希望开始实施数据管理策略的企业应首先遵循以下五个基本步骤：

（1）确定元数据的基本来源

要启动数据编织计划，首先要了解要回答的业务问题。然后，通过确定元数据的关键来源，确定回答问题所需的数据源。若要快速推进此步骤，请寻求企业业务主题专家的帮助，以帮助确定业务问题，并解释必要数据所在的位置。可以通过重复使用早期的数据治理计划和（或）数据目录来加快工作速度。最后，请记住立即请求访问所需的数据源，这将使以后需要时更容易连接到这些系统。

（2）构建卓越的数据模型

一旦解决了问题，下一步就是确定需要哪些实体来回答这些问题。对范围设置时间和实体限制，例如，花费不超过两周或将范围限制为5～10个不同的实体。如果发现需要10个以上的实体来理解和建模一个问题，那么它可能是一个太大的问题，因此最好返回到第一步并细化数据的范围。

可以考虑使用公开可用的、可重用的数据模型，例如，金融行业业务本体FIBO、Brick或schema.org上提供的其他模型，以进一步快速启动本步骤。不要忘记利用数据目录（如果有的话），因为关键业务术语及这些术语之间的关联方式可能已经在那里建立。

（3）将数据与模型统一起来

在所有步骤中，将数据连接到模型是最重要的，因为这是元数据、模型和数据本身与下游系统绑定的地方。正是在这一点上，数据虚拟化开始发挥作用了。通过虚拟化数据，企业可以加快实现价值的时间，因为它们不再需要担心提取数据、重新格式化数据、加载数据及等待作业完成。相反，企业可以查看其已经驻留的数据，并利用在现有数据存储库中所做的投资。

有些系统不太适合虚拟化，尤其是在性能或安全问题方面，因为这些系统依赖于物化，即我们将数据存储在存储库中。这就是为什么虚拟化和物化能力的结合如此重要的原因。

（4）与消费者应用程序共享数据

现在，数据已经统一，是时候使用它了，这样人们就可以使用数据编织提供的统一访问接口来回答他们的业务问题。企业可以通过多种方法做到这一点，例如，将数据编织集成到已有的应用中、利用商业智能和分析工具或应用图形可视化工具。

（5）当出现新的业务需求时，重申流程

最后一步很简单：只需重复该过程即可。数据编织的主要优势之一是它可以随着时间的推移而扩展。这意味着复制该过程以回答新的或相关的问题。通过循环访问此过程，可以利用以前的工作，而无需从头开始下一个工作。

企业利用数据编织实现数据集成现代化架构，能够帮助数字化转型从日益混合、多样化和不断变化的数据中快速洞察。传统的数据集成平台无法跟上日益增长的复杂性，更不用说不断变化的业务需求和对精选数据集的更大需求了。

数据编织提供了更灵活的解决方案，支持语义丰富的数据的动态交付。通过执行上面描述的五个基础步骤，企业就开始将现有数据基础架构转变为现代且可重用的数据编织架构。

5.4 数据编织的成功技巧

数据的数量和重要性均在以惊人的速度增长，因此，对敏捷性的需求不断增长。但是，遗留系统无法支持这种需求。如今，本地解决方案变得越来越过时，公司必须采用云架构。然而，在这个快速发展的行业中，即使是现代的、集中的、基于云的架构也是不够的。为了实现所需的敏捷性和可扩展性，企业必须采用去中心化。

数据编织提供由可信程序支持的基本连接，企业需要这些程序来确保高度可扩展且易于访问的数据管理工具，企业可以使用数据编织通过支持分散式方法来解决延迟问题。

由于数据源是智能连接的，因此数据访问和自助服务更快、更简单。除此之外，由于数据资产由知情的团队独立管理，并且访问权限到位（以及其他安全和质量功能），因此用户可以通过自助服务快速接收安全、受管控的数据。

在业务敏捷性方面，这些方法的核心优势是数据分析的速度。实时提供可信结果，使业务用户能够采用见解并提供结果，使其企业能够在竞争中脱颖而出。那么，确保企业实施数据编织架构技术需要避免的陷阱有哪些呢？

（1）对于采用数据编织架构的企业来说，预算是最重要的绊脚石之一，更具体地说，是资金分配。对数据系统进行彻底的更改需要健康的支出，因此需要为此做好准备。当然，还有预算的分配。如果预算处理不当，数据编织需要的域名管理就会失效，并且可能没有足够的资金来支付关键的基础设施和应用技术。

（2）另一个主要障碍是领导力。从集中式模式转变为分散式模式需要彻底的思维变革。这意味着最高管理层必须了解情况并有能力推动变革。尽管这些新技术在分布式级别上运行，但它们仍然需要可靠的集中式治理，这就需要找到集中式治理与分散式数据的平衡。

（3）当涉及分布式数据编织架构时，必须实施的关键点是可靠的数据治理。尽管数据分散并由不同的团队使用不同的方法进行管理，但统一的数据治理结构必须确保每个人都遵循相同的基本规则和策略。

（4）另一个关键因素是可发现性。必须制定相关规定，使企业域名所有者能够向每个相关用户公布数据资产的位置及任何更新或更改。除此之外，节点应该在集中式文档中注册。

（5）同时，使用不需要对数据编织架构和设计有高级了解的自助服务平台。它必须具有普遍可访问性，并且易于安装、扩展和实施。自助服务是分布式数据系统的核心概念，因此确保此元素正确将支持您的工作。

（6）最后，需要培养业务团队和数据团队的相关技能来适应这些趋势。数据团队和业务用户必须对变化持开放态度。数据技术以闪电般的速度快速发展，至关重要的是，用户不仅愿意而且有动力使用新方法来支持数据驱动的文化。

除此之外,企业高管必须尽早实施数据治理,包括数据素养培训计划。刚接触数据管理的用户需要一个专门的数据素养培训计划,为他们提供分析和访问数据所需的工具。

训练有素的数据专家必须具备新技术知识。最基本形式的数据素养使用户能够了解如何访问数据及为什么它很重要,针对数据专业人员的高级数据素养计划可能包括进一步的培训、研究任务,甚至是演示。

5.5 避免语义层陷阱措施

语义层的概念并不新奇,它已经跨越了数据分析和商业智能(BI)领域三十多年了。随着时间的流逝,语义层以不同的形式和风格出现——作为数据建模和数据发现工具,作为元数据,或作为 BI 工具中的业务视图。语义层通过充当用户与原始数据事实和表之间的抽象层,将它们转换为易于理解的业务视图,帮助用户理解他们的数据。

语义层允许技术技能很少或没有技术技能的业务用户访问和使用数据,而无需了解底层技术复杂性。语义层使非技术用户更容易访问和理解数据,使他们能够轻松地查询、分析数据并根据数据做出明智的决策。有关使用语义层的好处的更多细节,在 4.2 节中进行了概述。

在设置语义层时,需要考虑多个事项,例如,

(1) 创建数据模型;

(2) 弄清楚业务规则的工作原理;

(3) 选择合适的平台使用;

(4) 设置元数据层;

(5) 跟踪计算和聚合;

(6) 维护安全性和访问控制;

(7) 测试、验证和维护。

尽管语义层有望为复杂数据提供无缝的统一业务视图,但在其实现中实现真正的涅槃仍然难以捉摸。有五个关键的陷阱会显著影响语义层实现的有效性,在构建和实现数据编织语义层时,请考虑这些问题并采取措施避

免这些问题，以便从数据中获得更加可操作、更准确的见解并提高用户满意度。

（1）陷阱1：来源、定义和规划混乱

将来自多个来源的数据集成到语义层中（每个来源都有自己的结构、格式和详细程度）可能是一项复杂的任务。协调这些来源的过程需要时间和对细节的一丝不苟的关注。

在语义层中使用精确的计算创建复杂的业务视图是另一个挑战。跨多个数据源应用复杂的公式、条件规则和计算是一项艰巨的任务。在不同的商业智能工具之间映射具有一致的计算和层次结构的业务指标可能非常复杂，因为每个工具都以不同的方式处理它。例如，"活跃用户"或"公司成本"等简单指标在不同团队中可能有不同的定义。在设置语义层时，所有用户必须就适用于整个企业的通用定义达成一致，这一点至关重要。它应该在通用语义层中全部匹配，并且没有不同的版本。这样一来，当更改企业范围内指标的计算方式时，只需在一个地方（语义层）进行更改。

可以通过适当的规划和策略有效地管理这些复杂性。预先制定一个全面的项目计划，概述任务、时间表、职责、资源和里程碑至关重要。利益相关者从一开始就参与需求收集和验证对于达成明确定义的项目范围至关重要。

团队之间的密切合作、持续的测试和迭代的细化有助于构建一个坚固而强大的语义层。

（2）陷阱2：可扩展性和性能挑战

随着事务和数据量的扩展，元数据层会遇到性能瓶颈。需要深思熟虑，才能使用索引、缓存和优化等技术构建一个在不降低性能的情况下进行扩展的数据模型。此外，设计提供最佳查询性能的计算和聚合可能很复杂。在与语义层一起使用的各种BI工具中追求最佳查询速度存在其自身的障碍，因为每个工具都有自己的优化策略和处理查询的机制。

需要一个可扩展且高效的语义层，该层擅长与多个BI工具协作。鉴于用户需要跨各种BI平台的支持，正确的策略旨在消除为每个不同工具定制优化工作的需求。

(3) 陷阱 3：令人困惑的文档和缓慢的采用

由于团队之间缺乏沟通和信任，整个企业采用由语义层提供支持的 BI 可能会停滞不前。为了灌输信心，实施团队必须使用可操作的结果来证明语义层生成的见解的可靠性和准确性。

鼓励用户在采用过程中积极参与和反馈，可以创造一种主人翁意识，并营造一个协作的环境。记录数据模型的结构、关系、计算和元数据定义，以便用户了解报告和见解的制定方式。用户培训是实施周期的重要组成部分。

为用户提供清晰而全面的文档有助于他们了解语义层的结构并有效地使用，此外，还可以作为持续维护和故障排除的宝贵资源。关于这些好处的透明沟通——由改进的数据洞察力和决策的具体例子支持——有助于鼓励用户接受这项变革性技术。

(4) 陷阱 4：数据安全和数据粒度要求

语义层对基础数据源进行抽象，因此确保访问控制与实际数据源的安全机制保持一致可能很复杂。错位将导致安全漏洞。过度的安全措施可能会阻碍用户的工作效率，而松懈的措施可能会损害数据完整性。在提供对必要数据的访问和限制对敏感信息的访问之间取得适当的平衡可能具有挑战性。

确保访问控制能够适应用户角色或数据敏感度的变化，需要灵活且动态的访问控制框架，该框架需要深入了解用户角色及其特定的数据需求。识别敏感数据元素并实施适当的限制对于定义访问控制的粒度至关重要。

IT 和业务团队之间的仔细规划和协作对于克服这些陷阱大有帮助，同时随着企业需求的发展进行持续监控和调整。安全和访问控制应被视为整体语义层实现策略的一个组成部分。此外，系统应集成现有的安全框架，并避免重复访问控制定义，因为这可能会成为不断变化的业务环境和合规性要求的噩梦。

(5) 陷阱 5：糟糕的用户体验

语义层的设计目的应为非技术业务用户简化数据探索，应该以用户为中心，简单、响应迅速且直观。不准确的结果和缓慢的查询响应会导致不满和数据信任的侵蚀。满足计算准确性和性能要求至关重要，因为用户体验下降可能会导致接受度差甚至直接拒绝。

适当的数据可视化，包括符合用户偏好并传达易于理解的见解的图表、图形和仪表板，可改善整体用户体验。深入分析、工具提示和自助式数据探索等功能，能够创建自定义报告和分析，提高可用性并改善体验。监视用户交互和性能问题及处理用户反馈和不断变化的业务需求的机制是实施计划的重要组成部分。

在构建和实现语义层时，考虑上述陷阱并采取措施避免它们将帮助企业从数据中获得更多可操作、更准确的见解，并提高用户的参与度和满意度，从而在企业范围内做出更好的决策。

5.6　数据编织的行业应用

数据编织的应用具有许多优势，这些优势使其成为数据管理和分析领域的有力工具。数据编织的应用优势如下：

（1）提高数据质量

数据编织架构可以大大提高数据消费和企业数据质量。通过打破数据孤岛并创建用于数据存储的集中存储库，商业智能可以避免数据过时或不一致的陷阱。这可以积极改善数据的准确性、可靠性和新鲜度。

（2）提高运营效率

数据编织使企业能够更高效地运行，通过数据编织的数据集成，可以将来自不同来源的数据逻辑上存储在一个地方。这可以帮助数据工程师自动执行手动任务并简化业务运营。

（3）更好的数据管理和更高的数据敏捷性

当企业实施数据编织解决方案时，不仅可以提高运营效率，还可以帮助企业建立更好的数据管理实践。通过逻辑上的中央数据存储库中集成和丰富的来自不同来源的数据，企业可以确保按照行业标准准备和管理数据。

使用数据虚拟化和数据联邦是数据编织提供的一些数据集成示例方法。通过这些方法，实时数据分析可以变得更加精简，并且可以清楚地设置管理和维护数据的角色和职责。

此外，数据编织解决方案提供的集中式元数据存储库可以使企业轻松应对不断变化的业务需求。这种提高的敏捷性可以使公司在动态变化的商业环境中保持竞争优势。

（4）更轻松地从数据仓库切换到数据湖

使用数据编织架构切换到数据湖时，可以节省时间。数据编织可以存储和分析来自不同来源的大量结构化和非结构化数据，获得以前无法获得的见解。

金融行业的组织可以从传统的数据仓库切换到数据湖。数据湖可以比数据仓库更灵活，可以处理大量非结构化数据，例如，来自社交媒体的数据、客户评价。数据仓库可以结构化，并且可以依赖于单一事实来源，但会导致与新数据源的数据集成问题。数据湖可以以原生格式存储数据，从而更轻松地添加新数据源并以不同的方式分析数据。

（5）改进的数据集成和可访问性

数据编织解决方案可以改善数据交付，因为企业可以从集中源访问其数据。集成数据可以消除在多个系统之间不必要地切换的需要，并简化数据访问过程。此外，数据编织解决方案可以使数据科学家轻松构建用于数据准备和机器学习的数据管道。

（6）增强的数据分析

数据编织解决方案可以通过提供集中式数据存储库来增强企业的分析能力。这样可以快速访问相关数据，以便进行深入研究并创建有用的见解，从而带来更好的决策，刺激创新，并创造竞争优势。

（7）增强数据安全性

实施数据编织解决方案可以通过提供整合的数据存储库来提高企业的数据安全性，从而改进访问控制和敏感信息保护。这可以帮助业务用户遵守行业规则并避免代价高昂的数据泄露，从而提高数据安全性。

以下部门/行业尤其可以从实施数据编织中受益。

（1）农业和农业企业

农业和农业企业可以使用数据编织收集来自多个来源的数据并将其集成到单个存储库中。这些数据源可以包括天气预报、土壤样品、植物生长模式数据等，可以帮助农民在作物选择、种植时间和肥料使用方面做出数据驱动的决策，从而提高产量和效率。

（2）银行

银行可以分析客户数据，以发现他们的财务需求和偏好，并提供量身定制的金融产品和服务。为了实现这一目标，银行可以利用分析技能来整合来自不同来源的数据，以改善风险管理和客户服务，如交易记录、客户资料、金融市场数据。银行可以使用数据编织安全功能监控数据访问并检测不需要的数据访问尝试来提高银行数据安全性，因为银行必须保护敏感的消费者信息，如银行记录、信用卡信息、个人身份信息（PII）数据。在这方面，数据编织安全功能可以帮助银行满足支付卡行业数据安全标准 PCI DSS 等行业规则，并保护敏感数据免受攻击。

（3）教育

教育机构可以使用数据编织解决方案来组合和分析来自多个来源的数据，如学生数据、课程数据、学习数据。通过使用数据编织，学校可以使用单一数据存储库轻松跟踪和分析学生和教师的表现，并做出数据驱动的决策，以改善教学和学习成果；大学可以访问和分析来自其合作伙伴和利益相关者的数据，并利用数据虚拟化和联合来促进协作和优化课程；学校和大学都可以定义数据管理和维护的角色和职责，这有助于确保数据质量和一致性，同时遵守行业标准和法规。

（4）能源

能源公司可以使用数据编织技术将来自其可再生能源系统中传感器的数据集成到其可再生能源系统中，以根据天气预报、能源需求和其他因素优化发电。这可以帮助公司减少能源浪费，提高效率。

在能源行业，分散地管理数据可能很困难，而这正是数据编织的用武之地。能源公司拥有来自以下方面的大量数据：

① 油气田中的传感器；

② 电网；

③ 可再生能源系统。

数据编织技术可以帮助这些能源公司整合这些数据，以优化能源生产并提高安全性。

数据编织解决方案可以增强能源领域的数据敏捷性，帮助能源企业快速集成和分析来自不同来源的数据，如智能电网和物联网设备，以优化发电和配电。

(5) 金融

银行和其他金融机构可以使用数据编织来改善数据使用和质量，这意味着它们的数据将更加准确和可靠。

数据管理平台可以帮助金融行业确保所有客户数据在所有部门中都是最新的和一致的，这可以使客户的情况变得更好，并有助于避免法律和合规性问题。

在金融领域，数据编织解决方案可以结合来自交易平台和 CRM 系统等来源的财务数据，以全面了解财务的运作方式，这有助于风险管理、合规性和根据更多信息做出决策。

(6) 政府

为了改善服务和公共安全，政府可以利用分析技能来整合来自不同来源的数据，如市民评论、公共安全记录、气象数据等，通过整合数据，政府可以更快地发现趋势和相关性。这可以带来更强有力的公共安全法规、更高效的公共服务和更高的公民幸福感。

政府可以使用数据编织安全功能来改善政府敏感数据管理，加密敏感数据并监控数据访问。政府机构需要保护大量敏感数据，包括税务记录、个人身份信息、与国家安全有关的数据。实施数据编织解决方案可以更好地控制和保护敏感信息。

此外，通过集成数据，政府可以监控数据访问并检测可疑活动，如企图进行网络攻击。因此，数据编织安全功能可以帮助政府遵守行业法规。

(7) 国防/军事/太空

国防和军事机构必须管理敏感数据，如机密任务细节、情报和机密文件，因此，军事组织可以利用数据编织安全功能来确保只有经过授权的人员才能访问机密数据。数据编织安全功能可以帮助改进访问控制并保护关键信息，以降低数据泄露的风险。

利用数据编织技术对军事情报信息进行处理，理论耗时可达到秒级，处理速度呈指数级跃升。而且，运用数据编织技术，能够对来自多渠道的军事情报信息快速进行自动分类、整理、分析和反馈，从大量相关或看似不相关的、秘密或公开的信息中挖掘出有关目标对象的高价值军事情报。通过对大数据的有效开发，利用大数据工具提高军事人员对多个战场空间情报的发现和深度认知能力，可以较为准确地把握诸如敌方指挥员的思维规律，预测对手的作战行动、战场态势的发展变化等复杂问题，从而在某种程度上破解甚至消除“战争迷雾”。以大数据为核心的辅助决策，将各种传感器、仿真模拟、实践积累获得的大量数据处理转化为信息和知识，存储到结构化数据库中，然后通过对海量信息的科学管理和深入挖掘，发现隐含其中的关联或发展趋势。运用数据编织技术，从军事数据中寻找有利的作战时机、用数据感知战场态势、用数据辅助高效决策、用数据精准指挥控制作战进程、用数据连接战场资源，以数据价值的发挥为一体化联合作战赋能增能，进而提升一体化联合作战的整体效能。随着数据编织技术的深入开发和应用，“从数据到决策”的强大决策支持及智能化决策的逐步实现，所有军事问题都可获得相对精确可靠的决策支撑，从而大大缩短作战指挥、决策和行动周期，提高快速反应能力。

(8) 医疗保健

数据编织可以为医疗保健提供商提供更完整、更准确的患者数据视图，从而提高医疗保健质量。借助数据编织，医生和护士可以在一个地方查看患者的记录，减少了出错的机会并改善了患者护理，从而带来更好的数据质量及更高效和有效的医疗保健系统。

例如，医疗保健提供商可以使用数据编织技术来组合来自不同来源的患者健康数据，改善医疗保健领域的数据访问、质量和集成，如可穿戴设备、电子病历等，这可以使他们能够根据患者独特的病史和当前的健康状况提供个性化的治疗计划。管理医疗保健数据可能很复杂，医疗保健提供商需要处理由以下人员创建的大量数据，如电子病历、医学影像、患者提供的健康数据，数据编织技术可以帮助无缝有效地集成多个数据源，为医疗保健提供商提供患者健康及治疗历史和结果的全面视图，从而带来更好的患者护理、更好的结果和更低的成本。

(9) 保险

保险业是高度数据驱动的。保险公司可能需要访问有关其投保人的大量数据,包括个人信息、风险状况和索赔历史。例如,Central Nacional Unimed(CNU)是一家保险公司,每月处理约1亿份保险账单。数据编织架构可以更好地管理数据并保护敏感信息。具体而言,保险公司可以使用数据编织解决方案:

① 结合和分析所有数据,使它们能够做出更好的风险和定价决策;

② 识别欺诈性索赔并改进其索赔管理流程;

③ 更好地遵守复杂的法规,如HIPAA。

(10) 信息技术/技术

数据编织解决方案可以帮助IT/技术企业快速整合新的数据源,如客户反馈和用户生成的内容,以改善客户体验。其中一个好处是更好的数据敏捷性,它使企业能够快速更改其数据架构,以满足不断变化的业务需求,而无需停止运营。例如,软件开发公司可以利用数据编织整合来自众多来源的数据,并获得对用户行为的实时洞察。然后,可以快速调整软件,以改善用户体验并保持领先于竞争对手。

此外,数据编织解决方案可以通过API实现自助式数据,简化不同团队之间的数据访问和共享,从而改善协作和生产力。

数据编织的另一个优势是提高了数据质量,这使公司能够根据行业标准更好地控制和管理其数据。IT服务组织可以使用数据编织,确保它们的数据为客户做好适当的准备和维护,从而提高客户满意度和信任度。

此外,数据编织改善了数据访问,使企业能够访问相关数据,以便快速进行深入研究和有用的见解。例如,云计算公司可以利用数据编织构建消费者使用数据的中央存储库,使它们能够发现趋势并快速为客户提供定制服务。

数据编织可以通过提供多种方法(如数据虚拟化和数据联邦)来促进数据集成,这可以帮助IT咨询公司简化其数据分析,并跟踪谁负责数据维护方面的工作。

(11) 物流

数据编织解决方案可以集成物流的供应链数据。物流公司可以访问和处理来自多个来源的数据，如交通运输系统、仓库管理系统。为了提供所有操作的单一视图，数据编织解决方案可以组合来自不同来源的数据，例如，

① 运输管理系统（TMS）；

② 仓库管理系统（WMS）；

③ 客户关系管理（CRM）系统。

这可以帮助企业实时做出决策、加快交付速度、降低成本、减少物流排放，同时简化供应链运营。

（12）制造业

制造企业可以利用数据编织技术将来自其生产线中传感器的数据结合起来，以监控机器性能并在可能造成停机或故障之前发现可能的问题。

数据编织技术可以提供制造过程的集中视图，使企业能够识别瓶颈、预测设备故障并改进质量控制。为此，制造企业可能需要整合来自各种来源的数据来优化其运营，如供应链、生产、质量控制体系等。数据编织可以将来自不同系统的生产数据合并到一个单一的存储库中，供制造业使用，提高制造业的数据质量；可以自动执行过去手动完成的任务，如输入数据并确保所有任务都匹配，这可以使数据更加准确和可靠，还可以使企业的运营更加顺畅，在生产过程中节省时间和金钱。

制造商可以通过使用数据编织解决方案快速适应生产要求的变化来提高其敏捷性，例如，采购新材料；整合新供应商；管理供应链中断。

（13）零售

在零售行业，数据编织可用于更好地跟踪销售趋势、客户偏好、实时库存水平等，借助更准确、更及时的数据，零售商可以改进其数据管理，这可以带来更好的产品开发、营销和库存管理决策。

此外，数据编织可以通过为不同的数据源提供一个集中位置来存储其数据，从而帮助改善零售业的数据治理。零售商可以通过组合来自不同来源的数据来确保他们的数据是准确和最新的，例如，销售点系统；客户关系管理工具；线上销售渠道。这可以帮助零售商在管理库存、制造新产品和营销策略方面做出更好的决策，从长远来看，这可以带来更好的业务成果。

第 6 章

数据编织的发展和展望

6.1 行业领域应用的发展方向

数据编织作为一种新兴的数据处理技术，旨在将分散、异构的数据整合为一个完整的、可供分析和决策使用的数据集。在行业领域应用中，数据编织朝着以下八个方向发展：

（1）跨行业应用：数据编织技术可广泛应用于金融、医疗、零售、制造、能源等各行各业。随着大数据、人工智能等技术的发展，数据编织成为各个行业领域亟需的关键技术。

（2）数据治理与合规性：在数据编织过程中，数据的质量、一致性和安全性至关重要。因此，数据治理和数据安全将成为发展方向之一，通过构建完善的数据管理机制，确保数据编织结果的可信度和可靠性。

（3）自动化与智能化：通过机器学习、自然语言处理等人工智能技术，实现数据编织过程的自动化和智能化。这将降低人工干预的成本，提高数据编织的效率和准确性。

（4）边缘计算与分布式处理：随着物联网、5G/6G 等技术的发展，边缘计算和分布式处理逐渐成为数据编织的重要支撑。通过在网络边缘设备上进行数据处理和编织，可以减轻中心服务器的压力，提高数据处理速度和实时性。

(5) 低代码/无代码平台：为用户提供便捷、易用的数据编织工具，降低数据处理和应用的门槛。通过低代码或无代码平台，企业和个人可以更轻松地实现数据编织和业务场景的集成。

(6) 数据市场与交换：数据编织技术可促进数据市场的繁荣和发展。通过构建数据交换平台，实现企业之间、企业与个人之间的数据共享和交换，推动数据资源的流通和价值传递。

(7) 行业标准化与互操作性：随着数据编织技术的广泛应用，行业标准和互操作性问题日益突出。未来，各方将致力于制定统一的数据编织标准和接口规范，提高数据处理和应用的互操作性。

(8) 融合型应用创新：数据编织技术将与其他新兴技术(如区块链、物联网、虚拟现实等)相结合，创新出更多应用于各个行业的融合型解决方案，推动行业数字化转型。

总之，数据编织技术在行业领域应用的发展方向呈现出多元化、智能化、边缘化、标准化等趋势。随着技术的不断演进和完善，数据编织将为各行业带来更大的价值和创新机遇。

6.2 行业领域应用面临的挑战

尽管数据编织在行业领域具有广泛的应用前景，在现代数据管理中发挥越来越重要的作用，但目前在国内还处于初步应用阶段，还面临诸多的挑战。

(1) 数据质量与完整性：数据编织需要处理来自不同来源、格式和结构的数据，确保数据的质量和完整性是至关重要的。数据的准确性、一致性、可靠性和时效性对编织结果的影响极大。

(2) 数据治理与安全：在数据编织过程中，确保数据治理和数据安全是一个挑战。需要建立合适的数据管理机制，包括数据隐私、权限控制和审计等，以保障数据编织过程的安全性。

(3) 技术选型与架构设计：数据编织涉及多种技术，如数据清洗、转换、集成和关联等。在实际应用中，选择合适的技术和架构设计满足特定行业需求是一个挑战。

(4) 自动化与智能化：虽然人工智能技术在数据编织过程中有一定的应用，但目前仍需大量人工干预。实现数据编织过程的自动化和智能化，以降低成本和提高效率，是行业领域面临的一个挑战。

(5) 边缘计算与分布式处理：在物联网、5G/6G等技术背景下，边缘计算和分布式处理成为数据编织的重要支撑。然而，如何在边缘设备上进行高效、可靠的数据处理和编织，仍需克服一些技术难题。

(6) 低代码/无代码平台：虽然低代码/无代码平台有助于简化数据编织和应用的开发，但如何保证平台的可扩展性、性能和安全性等方面，仍是一个挑战。

(7) 行业标准化与互操作性：数据编织技术在各个行业的应用和发展过程中，标准和互操作性问题日益突出。缺乏统一的标准和接口规范，会影响数据编织技术在行业领域的推广和应用。

(8) 人才短缺：数据编织涉及多个领域的知识，如数据科学、计算机技术和特定行业知识等，人才培养和人才引进成为行业领域应用数据编织技术的一个挑战。

(9) 数据市场与交换：在数据编织技术应用过程中，数据市场和数据交换的发展尚不成熟。如何建立有效的数据市场和交换机制，实现数据资源的流通和价值传递，是一个亟待解决的问题。

(10) 法规与政策：随着数据编织技术在各行业领域的应用，法规和政策制定方面存在一定的滞后性。如何在保障数据编织技术发展的同时，确保合规性和合法性，是行业领域面临的一个挑战。

总之，数据编织技术在行业领域应用面临诸多挑战。通过不断研究和实践，克服技术难题，完善相关政策和法规，将有助于推动数据编织技术在各行业领域的广泛应用。

6.3　数据编织与大语言模型

生成式大语言模型的到来，标志着知识计算的时代的开始，这对知识表示领域来说是一个巨大的进步。在这个时代，知识表示内的推理概念扩大到基于各种知识表示的许多计算任务，大模型与知识图谱作为知识表示的一体两面。长期以来，人们关注的是明确的知识，如嵌入在文本中的知识，有时也被称为非结构化数据，以及以结构化形式存在的知识，如在数据库和知识图谱中的知识。历史上人们通常使用文本将他们的知识从一代传递到另一代，直到大约20世纪60年代，研究者开始研究知识表示以更好地理解自然语言，并开发了早期系统，如MIT的ELIZA。21世纪初，W3C语义网社区标准化了广泛使用的知识表示语言，如RDF和OWL，在互联网上大规模使用，大规模的知识库被更广泛地称为知识图谱，由于它们有用的图结构，实现了逻辑推理和基于图的学习。与大语言模型的到来相伴的这一转折点，标志着从明确的知识表示向对明确知识和参数知识两者的混合表示的重新关注的范式转变。关系性知识图谱还包括使用本体论作为模式的知识图谱，以及其他维度的结构化知识，包括表格数据和数值。

数据编织通过语言模型和API，形成模型训练、微调与服务；数据编织连接到其他数据源，并构建领域知识图谱和提供知识图谱服务；同时，数据编织协同语言模型、领域知识图谱与环境交互，提供可信全面闭环服务。图6.1给出了数据编织与大语言模型协同的工作模式和协同计算方案。

（1）数据采集和处理：数据编织平台建立一个大规模的数据采集和处理系统，收集和处理各种来源的数据，包括结构化和非结构化数据。这些数据可以来自各种来源，如传感器、社交媒体、金融交易等。

（2）语言模型训练及微调：数据编织平台使用大语言模型技术对采集到的数据进行训练、微调，提高质量和准确性。LLM技术可以用于自然语言处理、机器翻译、问答系统等任务。

（3）代理链构建：数据编织平台使用语言链技术将训练好的LLM连接到一个语言链上，以构建出一个智能语言处理系统。语言链可以用于智能问答、

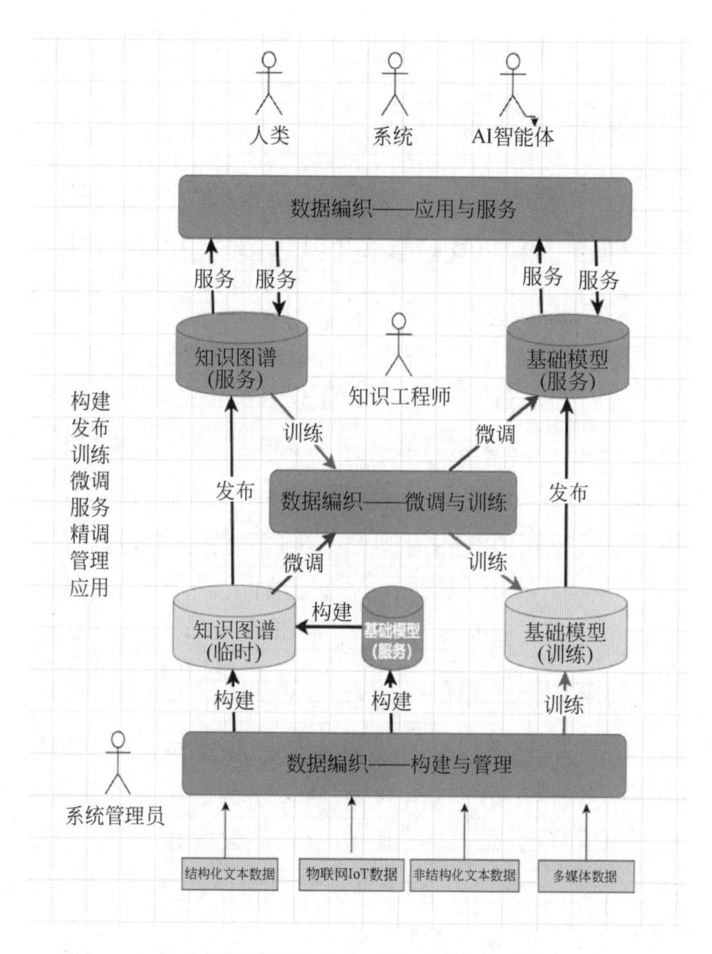

图 6.1　集成数据编织与大模型的可信知识计算解决方案

智能推荐、智能搜索等任务。

(4) 数据编织平台：使用数据编织技术将不同来源的数据整合在一起，形成一个完整的数据集。数据编织技术可以将各类结构化、非结构化数据织入一个复杂的知识图谱数据模型结构中并提供检索、推理和计算服务。

(5) 语义增强知识图谱构建：数据编织平台将整合的数据构建成一个可信语义增强知识图谱，以帮助用户更好地理解数据和数据之间的关系。语义增强可编织知识图谱可用于推荐系统、智能问答、智能搜索等任务。

(6) 向量数据管理：数据编织平台使用向量数据管理技术对海量数据进行高效管理和分析。向量数据管理技术可以用于数据挖掘、机器学习等任务。

(7) 智能应用开发：使用各种人工智能技术，如机器学习、深度学习、自然语言处理等，开发各种智能应用，如智能推荐、智能问答、智能搜索等，可以在不同的场景中应用。

(8) 基础设施管理：建立一个高效的基础设施管理系统，用于管理和维护智能基础设施。该系统可以用于监控、故障排除、资源分配等任务，以确保智能基础设施的高效性和可靠性。

面对强人工智能时代的到来，构建符合数据编织思想的下一代数据架构，加速企业级海量数据的知识化，连接数据孤岛，发现更多隐式关联，充分激活数据价值，降低找/用数据的成本，为业务带来更大的增长空间。另外，知识图谱强事实、弱泛化、可解释性强、计算成本低、构建成本高的特点，与大模型弱事实、强泛化、可解释性差、计算成本高、语义理解强形成完美互补。未来，期望通过统一的知识符号表示和引擎架构、大模型形成高效的联动和互补，通过大模型技术进一步降低图谱构建成本加速数据知识化，也为大模型的可控生成提供更多领域知识的补充。通过海量领域知识常识库的建设，数据编织与大模型联动互补的实现有望形成可与大模型无缝配合的可信知识计算应用框架，并在未来实现工业级可用的基于语义增强可编织知识图谱和大模型的易泛化、高鲁棒、可解释的综合人工智能可信计算解决方案。

6.4　数据与知识融合的知识湖

行业领域并不缺少数据，挑战在于让人机协同理解这些数据并将其用于有益的目的。数据是行业领域中最宝贵的资产之一，有了知识组织原则，就可以利用数据构建一个在技术堆栈中可提供重要业务价值、发挥更基础作用的语义增强知识图谱。在最复杂的层次上，语义增强知识图谱不仅可以涵盖多个部门的数据，而且可成为企业范围内重用的基础技术层。利用大型数据编织的语义增强知识图谱系统作为基础，并在其规划的数据之上构建其他知识密集型系统，就形成了一个数据与知识融合的可能的未来模式，称为知识湖(knowledge lake)。

知识湖是一个集中存储和管理企业或组织内外部各种结构化和非结构化数据的平台。它融合了数据仓库、数据湖和数据编织的优点，具有灵活性和可控性，旨在为企业提供一个统一的知识存储库，方便数据的访问、分析和应用。在知识湖中，知识管理与语义增强技术相互融合，共同促进企业知识的挖掘、共享和应用。

知识管理是一种策略，用于捕获、存储、共享和应用组织内的知识，包括显性知识和隐性知识。显性知识是明确表达的知识，如文档、图像和数字等；而隐性知识是个人或组织内部的未明确表达的知识，如技能、经验和秘诀等。知识管理旨在通过知识的捕获和共享，提高组织的效率和创新能力。

语义增强是一种人工智能技术，用于增加计算机对自然语言的理解能力。这可以通过将语言与上下文相关联，以及识别语言中的歧义和隐含意义来实现。语义增强可以改善计算机与人类之间的交流，并提高计算机处理自然语言的能力。

在知识湖中，知识管理与语义增强技术相互协作，共同发挥作用。首先，知识管理可以帮助企业识别、捕获和组织显性知识与隐性知识。然后，通过语义增强技术，计算机可以更好地理解这些知识，从而实现知识的自动化处理和智能化应用。此外，语义增强技术还可以帮助消除数据中的歧义和噪声，提高知识管理的质量。

总之，知识湖是一个融合了知识管理、语义增强和其他数据技术（湖仓一体、数据编织）的平台，旨在为企业提供一种高效、智能的知识存储、管理和应用解决方案。通过知识管理和语义增强的相互补充，企业可以更好地挖掘、共享和应用知识，从而提高创新能力和竞争力。

知识湖是一种架构和应用模式。知识湖的本身是一个语义增强知识图谱，本质上是为重用而设计的一系列知识图谱的集合，可以包含其他知识图谱和非图数据（如关系型数据库 RDBMS 和文件数据等），与组织的数据仓库和数据湖并列，存储了组织数据的一个规划的知识子集，用图谱的形式表示，然后可以提供给组织内的所有项目来使用。如图 6.2 所示，知识湖可以作为一种非破坏性技术，与现有系统并列部署，同时增强其效用和价值。

知识湖不是数据湖或数据仓库的替代品，知识湖可与数据湖并行建设

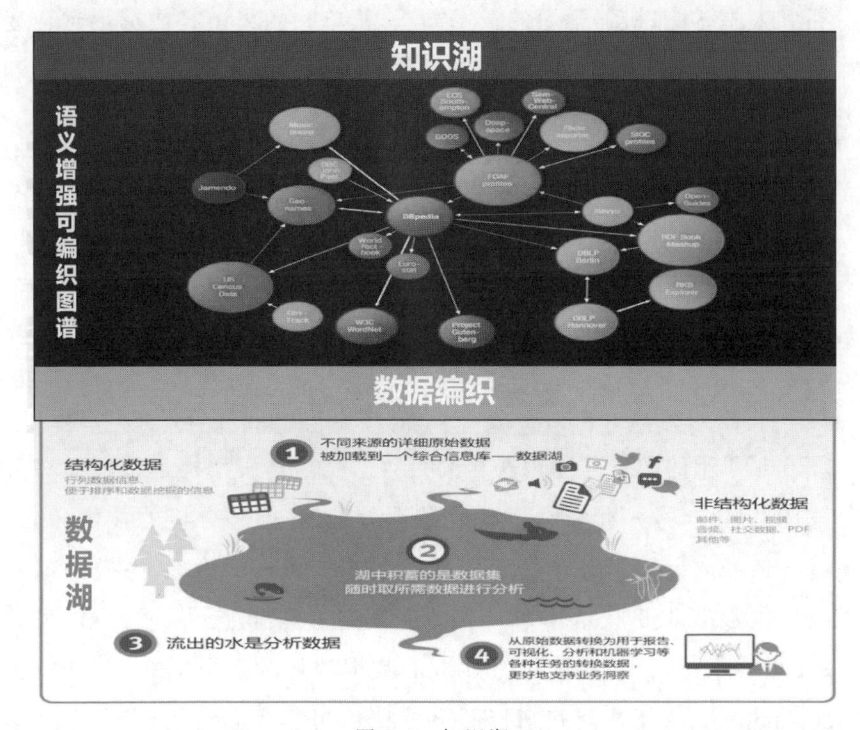

图 6.2　知识湖

或在数据湖建设之后引入知识湖，使数据湖或数据仓库中的大量数据变得有意义，从而对数据的互联互通及人机协同自动化处理更有价值，知识湖的主要视角是使业务消费数据成为有语义的数据。

像任何知识的沉淀过程一样，知识湖可以随着时间的推移不断增长并累积更多的语义数据和使用案例，最终目标是建立一个可以映射整个企业的数据，被发现、使用（和重用）及规划的知识湖。

知识湖的范围广泛，起点可能只是一个系统，最终目标是在整个企业范围内提供上下文理解和广泛覆盖的语义连接的数据链接。

6.5　大数据 4.0 开放架构

数据架构正从一个混乱和纠结的时代进入一个更加干净和有组织的时代。从以数据物理集中化为原则、中心式、单体式的物理集中架构，走向面向分析和人工智能、机器学习的技术方法，从单一的集中式数据平台转变为多个去中心化的数据存储库，以去中心化的组织和技术方式分享、访问和管理数据，即图 6.3 所示的大数据 4.0 时代的到来。

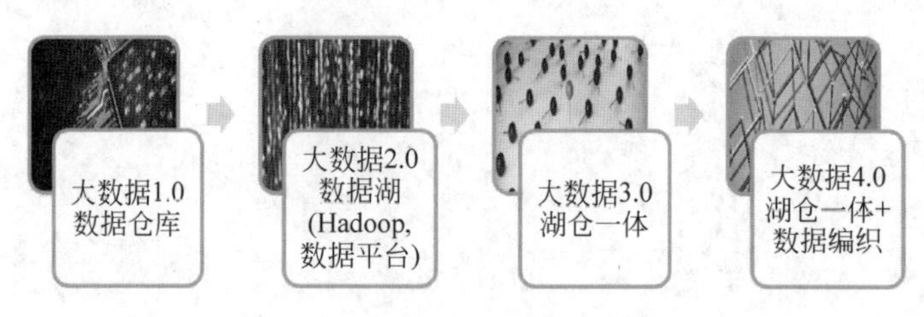

图 6.3　大数据平台架构的发展趋势

图 6.4 所示的数据与知识融合的大数据 4.0 开放架构是指在原有大数据技术的基础上，进一步整合和优化数据处理、存储和分析的技术体系，通过湖仓一体和数据编织等新技术实现数据的全局集中管理、高效处理和价值挖掘。大数据 4.0 技术体系具有高度集成、灵活扩展、高效计算、数据驱动、安全可靠等特点，能够满足企业级的数据分析和业务需求。同时，大数据 4.0 与生成式人工智能和知识图谱等技术相结合，为企业带来更多创新性的应用场景，助力企业实现智能化转型和创新发展。

(1) 丰富的数据来源：大数据 4.0 通过湖仓一体和数据编织技术，可以将来自多个领域、结构和格式各异的数据进行整合，为生成式人工智能和知识图谱提供了丰富的数据支持。

(2) 高效的数据处理：大数据 4.0 技术体系下的湖仓一体和数据编织可以实现数据的快速处理、清洗、转换和融合，提高了数据质量和分析效率，为生成式人工智能和知识图谱的训练和应用提供了高效的数据支持。

(3) 高可靠性：大数据 4.0 技术体系注重数据的安全性和可靠性，通过湖仓一体和数据编织技术，可以确保数据在整个处理和分析过程中的安全性和准确性，为生成式人工智能和知识图谱的决策提供了可靠的依据。

(4) 灵活的扩展性：大数据 4.0 技术体系支持弹性扩展，可以根据业务需求和数据量进行动态调整，满足不同场景下的性能要求，为生成式人工智能和知识图谱的训练和应用提供了灵活的扩展能力。

(5) 数据驱动：大数据 4.0 注重数据的挖掘和分析，将生成式人工智能

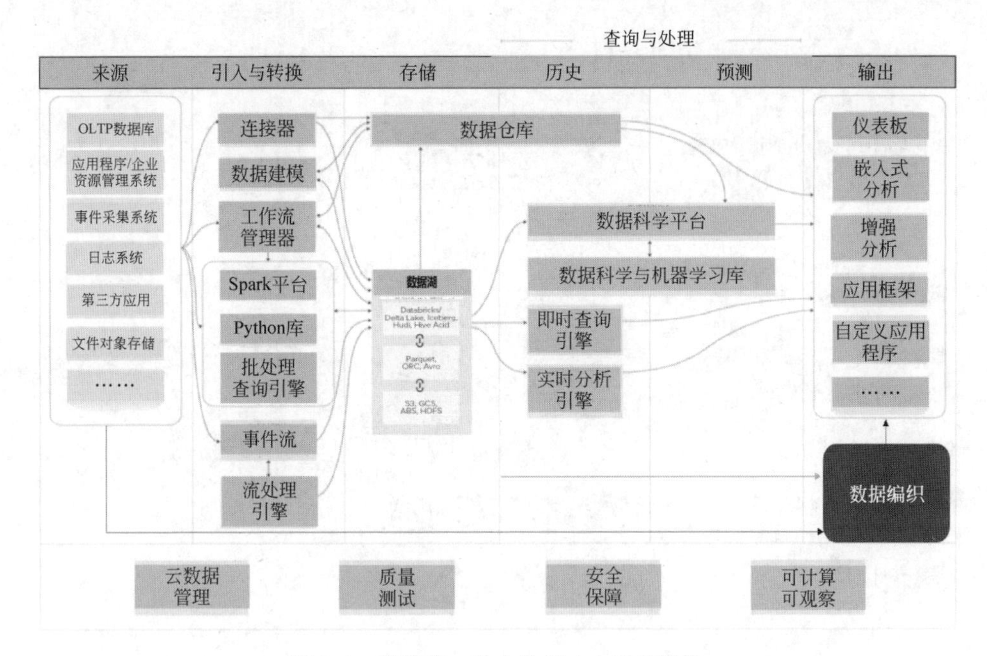

图 6.4 规范统一的大数据 4.0 开放架构

和知识图谱技术与大数据技术相结合,可以帮助企业更好地了解业务现状,指导决策和优化战略,提高企业的竞争力。

(6) 创新的应用场景:大数据 4.0 技术体系下的湖仓一体和数据编织,结合生成式人工智能和知识图谱,将为企业带来更多创新性的应用场景,助力企业实现智能化转型和创新发展。

在图 6.5 所示的大数据 4.0 计算模式中,一个拥有最大数据库的应用程序可能会成为工作流程的中心,就像以前工作流程中的服务器一样。这一次,它是一个由应用程序包围的单一数据库,这些应用程序将数据输入并取出,而不是一个由个人电脑推送和提取数据的单一服务器。

(1) 集成数据:数据编织架构不仅可以集成数据,还可以了解使用的数据类型及其用途,并为用户推荐更多、更优质且多样的数据。

(2) 减少人工数据管理的工作量:数据编织可以减少人工数据管理的工作量,并更快实现数据的价值。

(3) 集中、连接、管理和治理数据:数据编织是数据架构和专门的软件

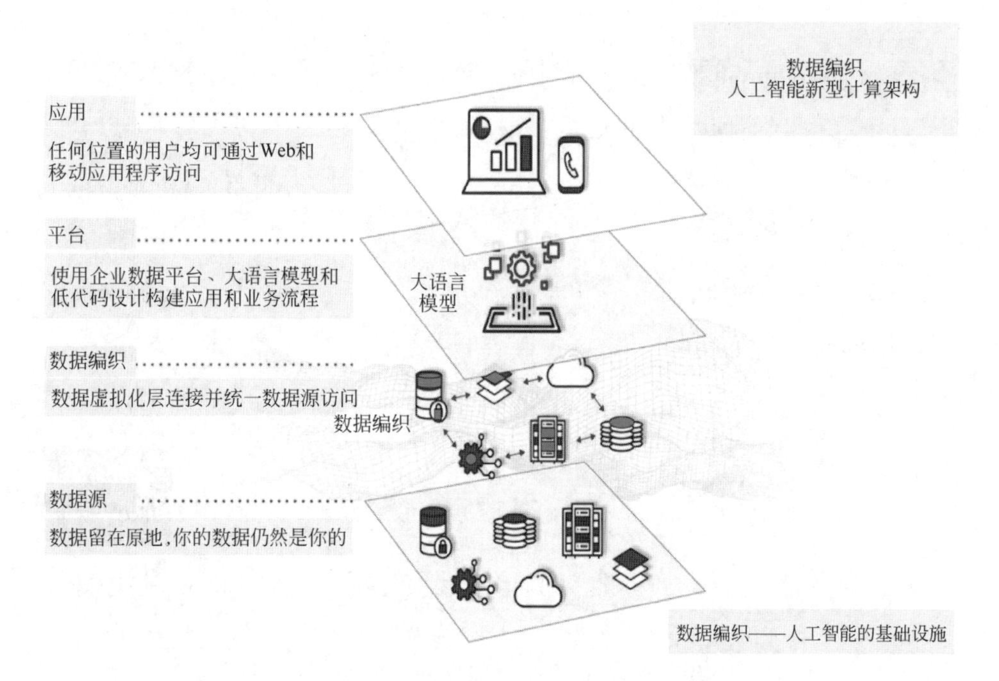

图 6.5 数据编织作为大数据 4.0 的基础设施

解决方案的组合,能够集中、连接、管理和治理来自不同系统和应用的数据。

(4) 实现数据管理流程大众化和自动化:借助数据编织解决方案,企业可以实时连接并管理来自不同系统和应用的所有数据。这样,企业就可以创建统一的真实数据源,并随时随地使用和访问数据,实现数据管理流程大众化和自动化。

(5) 简化数据:数据编织还可以简化数据,尤其是在复杂的分散架构中,它能够统一、清理、丰富并保护数据,确保这些数据可用于分析、AI 及机器学习应用。

(6) 充分利用数据并扩展系统:借助数据编织架构和解决方案,企业能够充分利用数据并扩展系统,同时灵活适应瞬息万变的市场环境。

未来,对企业工作最有价值的工具将是那些能让用户在使用的软件之间轻松移动数据的工具,而完成这些工作的最有效工具就是数据编织工具平台。数据编织是知识图谱的杀手级应用,知识图谱对真实世界的实体、事实、概念及它们之间的关系建模,提供面向不同角色一致的建模能力,能更精确地表示组织数据，通过强模式（Schema）驱动可有效连接数据源和图存储及下游人工智能/商业智能（AI/BI）任务，连接数据孤岛，按需集成、按需加载、无缝衔接。

面对海量数据，企业需建立应用友好的管理范式，按业务模型定义数据结构，明确语义、消除歧义、发现错误等；面对数据孤岛，企业也期望建立数据孤岛的连接机制，实现跨系统、跨部门的数据共享和协同利用；面对口径差异，企业需建立标准化的数据和服务协议，以实现高效的数据协同、专家经验协同、人机协同等。通过更高效的数据管理机制，标准化数据建模、消除歧义提升一致性、连接数据孤岛，是企业数字化升级面临的关键问题，更高效地组织管理企业数据，利用人工智能技术充分挖掘数据价值，已成为企业未来增长的核心内驱力。

数据与知识融合的大数据4.0开放架构结合湖仓一体、数据编织、生成式人工智能、知识图谱等前沿技术，具有丰富的数据来源、高效的数据处理、高可靠性、灵活的扩展性、数据驱动和创新的应用场景等优点，将为企业带来强大的数据支持和决策能力，助力企业在竞争中取得优势。

参考文献

[1] INMON W H. 数据仓库管理[M]. 王天佑，译. 北京：电子工业出版社，2000.

[2] YUHANNA N，LEGANZA G，HOBERMAN E. The forrester wave™：Big data fabric [R/OL]. USA：Forrester Research (2018-06-12).

[3] 李建中，高宏. 一种数据仓库的多维数据模型[J]. 北京：软件学报，2000，11(7)：10.

[4] ZHAO W X，ZHOU K，LI J Y，et al. A survey of large language models[J]. arXiv：2303.18223v11.

[5] MONS B，SCHULTES E，LIU F，et al. The FAIR principles：First generation implementation choices and challenges[J]. Data Intelligence，2019，2(1-2)：1-9.

[6] Wolfgang Albert Epting. More than just a hype：Data mesh as a new approach to increase agility in value creation from data[R]. USA：SAP SE.

[7] POLYZOTIS N，ZAHARIA M. What can data-centric AI learn from data and ML engineering[J]. 2021. DOI：10.48550/arXiv.2112.06439.

[8] 吕陈君. 机器认识论：基于数学统一性的通用人工智能[C]//中国思维科学会议CCNS2019暨上海市社联学术活动月思维科学学术讨论会.

[9] THANARAJ R，BEYER M，ZAID E. What is data fabric design [R/OL]. USA：Gartner (2021-04-14).

[10] ZAIDI E. Understand the role of data fabric[R/OL]. USA：Gartner，2022.

[11] ROBINSON I，WEBBER J，EIFREM E. 图数据库[M]. 北京：人民邮电出版社，2016.

[12] SINGHAL A. Introducing the knowledge graph：Things，not strings[R/OL]. USA：Google(2012-05-16).

[13] 丁术亮. 美军联合全域指挥控制(JADC2)与应用零信任范式的冲突与协调分析[R/OL]. 北京：北京蓝德信息科技有限公司.

[14] 介冲. 缝合美陆军部队的数据编织技术[R/OL]. 北京：远望智库(2021-10-25).

[15] 徐卫军，李宝敏. 基于本体的活跃元数据挖掘系统研究[J]. 北京：计算机技术与发展，2012，22(3)：5.

[16] BERNERS-LEE T. The semantic web roadmap[R/OL].

[17] 李悦，孙坦，赵瑞雪，等. 大规模RDF三元组转换及存储工具比较研究[J]. 数字图书馆论坛，2020(11)：2-12.

[18] 杨洁. 基于PDCA循环的内部控制有效性综合评价[J]. 会计研究，2011(4)：6.

[19] EBERLE B. Scamper on：Games for imagination development[M]. USA：Prufrock Press，1996.

[20] NEGRO A. Graph-powered machine learning[M]. USA：Manning Publications，2021.

[21] EULER L. Solutio problematis ad geometriam situs pertinentis[J]. Comment. Acad.

Sci. U. Petrop,1736,8：128-140.

[22] R.迪斯特尔.图论[M].5版.Springer,2017.

[23] EASLEY D,KLEINBERG J. Networks,crowds,and markets[M]. 2010.

[24] CORMEN T H,LEISERSON C E,et al. Introduction to algorithms[M]. 3版.马萨诸塞州波士顿：麻省理工学院出版社,2009.

[25] HODLER A M,NEEDHAM M,GRAHA J.通过领域知识和关联数据提高AI性能[R]. 2021.

[26] R・沃斯,J・希普. CRISP-DM：迈向数据挖掘的标准流程模型[C]//第四届知识发现和数据挖掘实际应用国际会议论文集. 2000：29-39.

[27] G. S.利诺夫,M. J. A.贝瑞.数据挖掘技术：用于营销、销售和客户关系管理[M]. Willey,2011.

[28] HULTEN G. Building intelligent systems：A guide to machine learning engineering [M]. USA：New York,Apress,2018.

[29] PATEL N, PATEL U, KAPADIA K, et al. The army is bringing together many sources of data to enable better decision-making with data fabric[R/OL]. USA：Army ALT Magazine,Science and Technology (2021-08-09).

[30] STICKLE D, TURK J. A kinetic mass balance model for 1, 5-anhydroglucitol：applications to monitoring of glycemic control[J]. American Journal of Physiology-Endocrinology and Metabolism,1997,273(4)：E821-E830.

[31] PAN J Z, VETERE G, GÓMEZPÉREZ J M, et al. Exploiting linked data and knowledge graphs in large organisations[M]. Springer,2017.

[32] WEIZENBAUM J. Eliza—a computer program for the study of natural language communication between man and machine[J]. Communications of the ACM,1966.

[33] PAN J Z. Resource description framework[M]//Handbook on Ontologies. USA：IOS Press,2009.

[34] CUENCAGRAU B,HORROCKS I,MOTIK B,et al. OWL 2：The next step for OWL [J]. J. WEB Semant,2008,6(4)：309-322.

[35] TOUVRON H, LAVRIL T, IZACARD G, et al. LLaMA：Open and efficient foundation language models[J]. arXiv：2302. 13971v1.

[36] XIAO G H,CALVANESE D,KONTCHAKOV R,et al. Ontology-based data access：A survey[J]. IJCAI,2018,184：5511-5519.

[37] PANA J Z,HORROCKS I. Web ontology reasoning with datatype groups[J]. ISWC, 2003：47-63.

[38] 语义增强可编程知识图谱SPG白皮书[R]. 2023.

[39] GRUBER T R. A translation approach to portable ontology specification [J]. Knowledge Acquisition,1993,5：199-220.

[40] GUPTA A. Data fabric architecture is key to modernizing data management and integration[R/OL]. USA：Gartner Inc. (2021-05-11).

[41] SEITZ J. Understanding the role of enterprise data fabrics [R/OL]. USA：TechnologyAdvice (2021-02-16).

[42] HOWARD C. Top 3 strategic priorities for data and analytics leaders[R]. USA: Gartner Inc. ,2022.
[43] GOASDUFF L. 12 data and analytics trends to keep on your radar[R/OL]. USA: Gartner Inc. (2022-04-05).
[44] GOASDUFF L. Data sharing is a business necessity to accelerate digital business [R/OL]. USA: Gartner Inc. (2021-05-20).
[45] GOASDUFF L. How DataOps amplifies data and analytics business value[R/OL]. USA: Gartner Inc. (2020-12-15).
[46] WILLEMSEN B. 2024-gartner-top-strategic-technology-trends [R]. USA: Gartner Inc. ,2023.
[47] WOODIE A. Data mesh vs. data fabric: Understanding the differences[R/OL]. USA: Datanami(2021-10-25).
[48] MUHAMMAD R. Data fabric explained: Concepts, capabilities & value props [R/OL]. USA: BMC Software Inc. (2021-11-09).
[49] TIM K. The 6 best data fabric tools and software for 2023[R/OL]. USA: Best Practices(2022-10-16).
[50] BASUMALLICK C. What is data fabric definition, architecture, and best practices[R/OL]. USA: spiceworks (2022-08-05).
[51] Learn more about data fabric software[R]. USA: trustradius,2023.
[52] IBM. What is a data fabric[R]. 2020.
[53] IBM. What if a data fabric architecture guided decision-making[R]. 2020.
[54] YEGO K. Augmented data management: Data fabric versus data mesh[J/OL]. (2022-04-27).
[55] IBM. Build a modern data architecture[R]. 2020.
[56] Ed Tittel. Data-fabric-for-dummies[M]. USA: Hitachi Vantara,2021.
[57] GHOSH P. The data fabric: An innovative data management solution[R/OL]. USA: dataversity (2019-07-17).
[58] POWELL J E. Data fabric technologies: Stitching together disparate data for analytics [R/OL]. USA: TDWI(2021-04-23).
[59] DOOLEY B J. Data fabrics for big data[R/OL]. USA: TDWI (2018-06-20).
[60] POWELL J E. Benefits and best practices for data virtualization in the real world [R/OL]. USA: TDWI(2020-07-10).
[61] POWELL J E. What's ahead for the data landscape[R/OL]. USA: TDWI (2018-02-26).
[62] RASTOGI S. Five value-killing traps to avoid when implementing a semantic layer[R/OL]. USA: TDWI(2023-10-18).
[63] HECHLER E, WEIHRAUCH M, WU Y. Data fabric and data mesh approaches with AI[M]. USA: Spinger,2023.
[64] KUFTINOVA N G, MAKSIMYCHEV O I, OSTROUKH A V, et al. Data fabric as an effective method of data management in traffic and road systems[C]//2022 Systems of Signals Generating and Processing in the Field of on Board Communications. 2022:

1-4.

[65] MEHRA M. Data fabric: How to architect your next-generation data management [R/OL]. USA: TDWI(2023-07-0).

[66] FULLER S. 5 steps to implementing a modern data fabric framework[R/OL]. USA: TDWI(2022-07-18).

[67] STAFF U. Data mesh/data fabric implementation tips for success[R/OL]. USA: TDWI(2022-05-19).

[68] DOOLEY B J. Data fabric for big data[R/OL]. USA: TDWI(2018-06-20).

[69] TDWI. Data architectural futures[R/OL]. USA: TDWI(2017-01-10).

[70] KRIVAA K. Managing data in the cloud: The challenge of complex environments for real-time applications[R/OL]. USA: TDWI(2021-03-29).

[71] VARSHNEY S. Data democratization tops list of data-centric trends for 2023[R/OL]. USA: TDWI(2022-12-12).

[72] IVERSEN H K. Data automation: The heart of data warehouse modernization [R/OL]. USA: TDWI(2020-04-06).

[73] THIELENS J. Why effective data fabrics require end-to-end ecosystem integration [R/OL]. USA: TDWI(2021-09-24).

[74] CLARK K. Uncovering the ROI of a data fabric[R/OL]. 2021.

[75] Talend. What is data fabric[R]. USA: Talend,2021.

[76] KARATAS G. Data fabric 2023: Modern data integration components guide [R/OL]. USA: AIMultiple(2023-10-13).

[77] GHOSH P. Data fabric architecture 101[R/OL]. USA: dataversity(2022-09-27).

[78] KLARMA S. What is the data fabric[R/OL]. USA: bcs (2022-07-18).

[79] HOWARTH J. Top 5 data management trends (2023 & 2025)[R/OL]. USA: explodingtopics(2023-01-16).

[80] IBM. Data fabric architecture delivers instant benefits[R]. 2023.

[81] KUFTINOVA N G, OSTROUKH A V, FILIPPOVA N A, et al. Integration of scalable IT architectures on the basis of data fabric technology[J]. Russ. Engin. Res., 2022,42: 1199-1202.

[82] What is data fabric[R]. USA: appian,2023.

[83] The data fabric advantage: De-Silo your data for rapid innovation[R]. 2023.

[84] Data fabric,data mesh and data lake[R]. 2023.

[85] Appian. Data virtualization vs. data warehouse: 3 key facts[R]. 2023.

[86] Appian. How data fabric works[R]. 2023.

[87] Appian. 4 ways data fabric helps developers gain speed[R]. 2023.

[88] PISCIONERI J. Data fabric's use of abstraction and metadata[R/OL]. USA: Eckerson Group(2023-02-14).

[89] PISCIONERI J. Data fabric: The next step in the evolution of data[R/OL]. USA: intersystem(2023-01-01).

[90] WELLS D. Data fabric - Hype, hope, or here today[R/OL]. USA: Eckerson Group

(2018-10-02).
[91] PROKOPEAK M. Data fabric might be the answer to data management struggles [R/OL]. USA: Reworked(2022-06-21).
[92] Atlan. The third generation data catalog primer[R]. 2023.
[93] PROKOPEAK M. Data mesh or data fabric as a foundation for data management strategy[R/OL]. USA: Reworked(2022-07-08).
[94] OSBORN K. Army's data fabric program speeds up attacks[R/OL]. USA: warrior maven(2022-08-09).
[95] MCKENNA B. The rise of the data fabric[R/OL]. USA: Computerweekly(2022-05-17).
[96] DILMEGANI C. 7 data fabric benefits in 12 industries in 2023 [R/OL]. USA: AIMultiple(2023-02-26).
[97] WOODIE A. Forrester shares the 411 on data fabric 2. 0[R/OL]. USA: Datanami (2023-02-28).
[98] McGINNIS J. From data silos to data fabric with knowledge graphs[R/OL]. USA: Ontotext USA, Inc. (2020-09-15).
[99] TechTarget. How healthcare organizations are improving time to insights with data fabrics[R]. 2023.
[100] SHANKA R. Uncovering the differences between logical data fabric and data mesh [R/OL]. USA: Datanami(2022-10-25).
[101] RAMOS J. What are the core capabilities of a data fabric architecture[R/OL].
[102] MARIANI D. Building a practical data fabric at scale[R/OL]. USA: Atscale(2021-06-29).
[103] THOMPSON J K. How analytics & data science teams can leverage the semantic layer[R]. USA: Atscale, 2021.
[104] ASLETT M. Disentangling and demystifying data mesh and data fabric [R/OL]. USA: Ventana Research(2022-06-02).
[105] ASLETT M. The benefits of data mesh extend to organizational and cultural change [R/OL]. USA: Ventana Research(2022-03-29).
[106] DE MEYER W. Data-fabrics[R]. 2019.
[107] SGA Knowledge Team. Data fabric and architecture: Decoding the cloud data management essentials[R/OL]. USA: SG Analytics(2022-08-30).
[108] WHIPPLE K. Data fabric: The future of data management[R/OL]. USA: Hewlett Packard(2020-11-05).
[109] SEMANTICS C. Data fabrics: The killer use case for knowledge graphs [R/OL]. USA: datanami (2022-03-07).
[110] NAIK S. Why data fabric is a boon to your business[R/OL]. USA: ETCIO(2022-10-31).
[111] THANARAJ R, BEYER M, ZAIDI E. What is data fabric design[R/OL]. USA: cambridgesemantics(2021-04-14).
[112] Expersight Intelligence. Top 10 data fabric tools for data-driven enterprises[R/OL].

USA：Expersight Intelligence(2023-08-29).

[113] POWELL J E. Benefits and best practices for data virtualization in the real world transforming data with intelligence [R/OL]. USA：TDWI(2020-07-10).

[114] KHANDELWAL A. The importance of the universal semantic layer in modern data analytics and BI[R/OL]. USA：TDWI (2023-07-13).